기후변화와
바다

기후변화와 바다

초판 1쇄 발행일 2023년 3월 31일

지은이 이재학
펴낸이 이원중

펴낸곳 지성사   **출판등록일** 1993년 12월 9일   **등록번호** 제10−916호
주소 (03458) 서울시 은평구 진흥로 68, 2층
전화 (02) 335−5494   **팩스** (02) 335−5496
홈페이지 www.jisungsa.co.kr   **이메일** jisungsa@hanmail.net

ISBN 978−89−7889−529−3 (04400)
ISBN 978−89−7889−168−4 (세트)

기후변화와 바다

이재학 지음

지성사

차례

바다는 지구 표면의 70퍼센트를 차지한다. 태평양은 지구 표면의 3분의 1을 덮고 있으며 모든 육지를 합한 것보다도 넓다. 전 지구 생명체에서 환경과 기후까지 이들의 특성과 변화를 조절하는 데 해양의 역할은 절대적일 수밖에 없다. 기후변화와 같이 지구 표면에서 진행되는 큰 규모의 자연현상 변화는 해양의 역할을 빼고는 설명되지 않는다. 해양이 기후변화의 몸통이고 조절자인 셈이다.

여는 글을 쓰던 3월, 뉴스를 보았다. 여름철 남극해 얼음이 역대 최소 규모로 축소되었고, 이례적으로 3년 연속 이어지던 라니냐 현상이 종료되었다. 아르헨티나는 60년 만에 가장 더운 여름이 계속되었고, 미국 서부에서는 기록적인 폭설이 내렸다. 기록상 가장 오래인 5주 이상 인도양을 가로

질러 이동한 매우 강렬한 열대성 사이클론(태풍)이 아프리카 남서부를 강타했다. 각 뉴스 후반에는 한결같이 기후변화 영향이 언급되었다. 자세히 들여다보면 모두 해양의 영향이 절대적인 현상들이다.

기후변화는 이미 우리 일상이 되었다. '기후 비상사태'나 '기후 위기'라는 용어도 등장했다. 2021년 옥스퍼드 영어 사전에는 '지구온난화(Global Warming)' 대신 '지구 가열(Global Heating)'이라는 용어가 새로 등재되었다. 모두 기후변화의 심각함을 표현하기 위해서다.

그러나 학생이나 일반 대중의 기후변화에 대한 인식에 심각함을 찾기는 힘든 상황이다. 겁을 주는 용어들도 통하지 않는다. 기후변화 관련 정보들이 학생, 일반 대중은 물론 정책 입안자에게까지도 효과적으로 전달되고 있지 않아서일지 모른다. 특히, 기후변화와 해양의 관계에 대해서는 더욱 그러할 것 같다. 이 책을 쓰게 된 동기의 하나다.

이 책에서 설명은 개별적 또는 현재 상황을 기술하기보다 전체를 이해하고자 하는 쪽에 초점을 두고자 했다. 상세하지는 않으나 기후변화 연구의 역사, 고기후, 물과 탄소 순환계 등을 포함한 이유다. 전체를 알고 부분을 알며, 알고 있는 부분이 전체에서 어떤 위치에 있는지를 아는 것이 좋겠다는 생각에서다. 나무에 집착하지 말고 숲도 보아야 한다는 것은 기후변화를 이해하는 데에도 마찬가지다.

우리는 이산화탄소 증가와 지구온난화를 목격하는 첫 세대이자 이를 해결하는 기회가 주어진 마지막 세대라고 한다. 이 책이 우리가 경험 중인 기후변화에 대한 해양의 역할을 이해하는 데 보탬이 되고, 화석 연료에 의존하는 전기와 운송 수단 등을 이용하는 현재의 편안함으로부터 헤어질 결심을 생각해 보는 계기가 되었으면 하는 바람이다.

이 책은 한국해양과학기술원 조정현 작가님의 채찍이 없었다면 출판이 느려졌거나 나오질 않았을 터다. 집필의 게으름을 바쁘다는 핑계로 얼버무릴 때마다 독촉의 채찍은 이 책이 한국해양과학기술원 설립 50주년을 맞아 '미래를 꿈꾸는 해양문고' 1단계 목표인 50종의 마무리 역할을 하면 좋겠다는 동기부여가 늘 함께했다.

이는 집필 기간 내내 연구원 신분의 30년간 생활뿐만 아니라 1977년까지 거슬러 올라가 홍릉의 KIST(한국과학기술연구원) 부설로 있던 '선박해양연구소'를 드나들던 때의 기억을 떠올리게 했다. 대학교 졸업 논문 작성에 당시 제1연구실장 이셨던 한상복 선생님의 지도를 받았고, 그 내용은 우리나라 근해의 수온 변화 특성을 보는 것이었다. 돌이켜보면 수온 변화 연구의 흉내를 내는 것이었지만 해양 물리를 전공으로 선택하게 된 밑바탕의 하나가 되었다. 이 책과 관련하여 감사드릴 선생님 중의 한 분이다.

집필 장소와 시간의 기회를 주신 ㈜지오시스템리서치 장경일 대표이사님, 원고 검토를 마다하지 않으신 강현우 박사님과 출판 막바지까지 바쁘게 수고해 주신 지성사 담당자 분들께도 감사드린다.

1 기후변화 연구와 대응의 흐름

기후변화 연구의 역사

기후변화는 언제부터 연구가 시작되었고 일반인이 관심을 갖게 된 현재까지 어떠한 경로를 거쳤을까? 지구온난화, 기후변화, 기후 위기 등의 용어는 언제부터 사용하기 시작했을까? 이러한 질문에 관한 대답은 기후변화에 대한 상식을 풍부하게 할 뿐만 아니라 현재 우리의 위치를 확인하면서 기후변화 대응을 이해하고 실천하는 추진력의 바탕이 된다.

지금 지구온난화가 진행되고 있다고 표현하는 기후변화와 관련한 핵심 개념과 용어에 관한 연구의 역사는 대략 200년 정도다. 기후변화의 원인부터 진단과 예측 연구 그리고 대응까지 기후변화를 설명하고 토의할 때 빠지지 않는 중요한 역사적인 과정을 살펴보기로 한다.

1824년, 프랑스 수학자이자 물리학자인 조제프 푸리에(Joseph Fourier, 1772~1837)는 지구 크기의 물체가 태양 복사 영향에 의해서만 따뜻해지는 것이라면 실제 지구의 온도보다 훨씬 더 추워야 한다는 것을 계산했다. 그렇다면 태양 복사로 지구까지 온 에너지가 빠져나가지 않게 하는 절연체가 필요한데, 이때 지구의 대기가 일종의 절연체 역할을 할 수 있다는 가능성을 제시했다. 당시 푸리에는 그렇게 부르지 않았지만 현재 '온실효과(greenhouse effect)'라는 개념을 발견한 것이다. 이 '온실효과'라는 용어는 20세기에 이를 때까지 등장하지 않았다. 1901년 스웨덴 기상학자 닐스 구스타프 에크홀름(Nils Gustaf Ekholm, 1848~1923)이 '온실'이라는 단어를 사용했고, 1907년에 처음으로 영국의 물리학자 존 헨리 포인팅(John Henry Poynting, 1852~1914)의 논문에 '온실효과'가 등장한다.

미국 여성운동가이자 과학발명가인 유니스 뉴턴 푸트(Eunice Newton Foote, 1819~1888)는 1856년 대기 중 수증기와 이산화탄소(CO_2)가 열을 흡수하는 특성을 발견하고 이산화탄소 농도의 변화가 기후에 영향을 미친다는 가설을 발표했다. 이는 1859년 대기 이산화탄소와 온실효과 사이의 연결을 증명한 아일랜드 물리학자인 존 틴들(John Tyndall, 1820~1893)의 연구보다 앞선 것이었다.

이어 40년 후 1896년 스웨덴 화학자이자 기후변화의 아버지라고도 불리는 스반테 아레니우스(Svante Arrhenius, 1859~1927)는 빙하기를 설명하는 연구에서 이산화탄소 증가에 따라 지구 표면온도가 얼마나 높아지는지를 계산했다. 이 계산으로부터 인간의 석탄 연소에 따른 대기 중 이산화탄소의 증가량이 지구 온실효과를 가져올 만큼 충분하다는 결론을 내렸다. 이는 오늘날 기후변화 연구의 핵심이 되었고, 이 연구를 기후변화 연구의 출발점으로 보기도 한다.

그러나 인간과 관련한 이산화탄소 배출이 세계에 미칠 영향에 대한 과학자들의 우려는 그로부터 60년이 지난 1957년과 1960년, 미국의 스크립스 해양연구소의 해양학자 로저 레벨레(Roger Revelle, 1909~1991)와 찰스 데이

비드 킬링(Charles David Keeling, 1928~2005) 등에 의해서 처음 제기되었다.

세르비아의 수학자이자 지구물리학자인 밀루틴 밀란코비치(Milutin Milankovitch, 1879~1958)는 1920년 기후변화를 태양 주위를 공전하는 지구의 궤도 변화로 관련지으려는 천문학적 가설을 최초로 제시했다. 이후 1941년, 지구의 일사량과 빙하기 적용에 관한 연구 결과를 책으로 발간했다. 그는 세 가지 유형의 지구 궤도운동 변화가 지구 대기의 일사량에 어떤 영향을 미치는지 조사했고, 이 세 가지 유형의 지구 궤도운동 주기를 '밀란코비치 주기(Milankovitch cycle)'라고 부른다.

영국의 공학자 가이 스튜어트 캘런더(Guy Stewart Callendar, 1898~1964)는 1938년에 처음으로 세계의 온도와 이산화탄소 측정치를 수집하여 당시 기준으로 지구의 온도가 과거 50년 동안 섭씨 0.3도 상승했다는 것을 발견했다. 이 온난화가 산업체에서 배출된 이산화탄소와 관련이 있다고 제안했으며 이는 한동안 온실효과 대신 '캘런더 효과'로도 알려졌다. 그의 주장은 모호한 지구온난화에 대한 개념을 과학적인 개념으로 이끌어냈다는 평가를 받았다.

미국 스크립스 해양연구소의 찰스 데이비드 킬링은

1958년 하와이섬의 마우나로아 관측소에서 매일 대기의 이산화탄소 농도를 측정하기 시작했다. 이 프로젝트의 책임과 감독은 2005년 그의 아들 랄프 킬링(Ralph Keeling)에게 이어졌으며, 지금까지 연속 측정한 자료의 그래프는 '킬링 곡선(Keeling curve)'이라고 한다. 첫 관측을 시작한 1958년 3월의 이산화탄소 농도는 313피피엠(ppm: parts per million, 백만분율)이었으며 그로부터 65년이 지난 2022년 5월에는 420피피엠이 넘는 역대 최고 값을 기록했다. 대기 중 이산화탄소가 꾸준히 증가하고 있다는 발견은 20세기의 매우 중요한 과학 업적의 하나다. 킬링 곡선은 대기 중 이산화탄소 축적에 인간이 관여할지 모른다는 가능성에 대한 스반테 아레니우스의 가설을 확인해 주었다.

1967년 미국 프린스턴대학 지구유체역학연구소의 기상학자 슈쿠로 마나베(Syukuro Manabe)는 리처드 웨더럴드(Richard Wetherald)와 함께 최초로 컴퓨터 기후모델을 개발하여 오늘날 기후 연구를 뒷받침하는 모델의 토대를 마련했다. 이 모델은 대기, 해양, 구름 등 기후에 기여하는 구성 요소를 고려했고, 대기 중 이산화탄소 농도가 두 배 증가하면 지구 온도가 섭씨 2도 상승할 수 있다고 예측했다. 슈쿠로 마나베는 지구 기후와 같은 복잡한 시스템을 이해한 공로로 2021년 노벨 물리학상을 수상했다.

미국 오하이오 주립대학의 빙하학자인 존 머서(John Mercer)는 1968년 서남극 남극종단산맥(Transantarctic Mountains)의 1,400미터 높이에서 예전 담수호 증거를 발견했다. 그는 이를 서남극 빙상 전체가 한 번 녹았다는 증거로 보았고, 약 12만년 전 간빙기 이전의 기온이 지금보다 섭씨 6~7도 높았으며 해수면은 6미터 상승했음을 발견했다. 그는 지구온난화로 남극 빙상이 붕괴하고 해수면이 무참하게 상승할 수 있다고 경고했으나, 사람들이 그의 경고를 받아들인 것은 30년 후의 일이다.

미국 NASA의 님부스(Nimbus) 3호 위성은 1969년, 세계 최초로 정확한 대기 온도 측정을 시작하여 기상과 기후시스템을 연구하는 데 혁명을 가져왔다. 이 위성이 관측한 자료는 지구의 낮은 대기층이 온난화하고 있음을 확인시켜주는 증거가 되었다. 님부스 위성은 1964년 1호가 발사되었고 이후 30년 동안 남북극 지역을 포함하여 지구 온도, 대기 중 온실가스 농도, 오존층 및 해빙 두께까지 방대한 자료를 제공했다. 오늘날 인공위성은 해양에서도 해양 표면의 온도와 염분, 해수면 높이, 해상풍까지 해양 기후가 어떻게 변하고 있는지를 파악할 수 있는 정보를 제공해 주고 있다.

미국 콜럼비아대학의 지구화학자인 윌리스 스미스 브뢰커(Wallace Smith Broecker)는 1975년 과학잡지 〈사이언스(Science)〉에 「Climate change: Are we on the brink of a pronounced global warming?(기후변화: 우리는 명백한 지구온난화 위기에 처했을까?)」이라는 논문을 발표했다. 처음으로 '지구온난화(global warming)'라는 용어가 과학 논문 제목으로 등장하게 된 것이다. 이 논문에서 '지구온난화'는 온실가스 농도가 증가하여 지구의 평균 표면온도가 상승하는 것을 뜻한다. 한편, '기후변화(climate change)'는 1979년 미국 국립아카데미의 이산화탄소 연구에서 처음 사용했다고 알려져 있다.

빙하로도 기후변화를 연구한다. 빙하를 뚫어서 얻은 기둥처럼 생긴 기다란 빙하 코어(ice core)는 암모나이트 화석이 살던 시대처럼 아주 오래전 지구 고기후(paleoclimate)의 핵심 정보를 제공한다. 얼음에 포획된 기포로 과거 지구를 둘러싼 대기의 조성 성분과 지구 표면온도를 알 수 있다. 시추 깊이가 깊어질수록, 즉 빙하 코어가 더 길수록 더 오래전의 정보를 얻을 수 있다.

1985년 프랑스와 구소련 과학자들이 2,000미터 길이의 빙하 코어를 시추하여 15만년 전 지구의 대기 상태와 온도를 알게 되었다. 지금까지 빙하 코어 기록을 통해 빙하기와 간빙기의 변화를 확인했고, 온실가스 농도가 온도 변화 형태와 비슷하게 변해 왔음을 알게 되었다. 또한 대기 중 이산화탄소 농도가 산업혁명 직전인 19세기까지 1,000년 동안 안정적이었다는 것이 확인되어 현재 기후변화 연구에 매우 중요한 자료의 하나가 되었다.

계속된 빙하 시추로 1998년에는 42만년 전까지, 2004

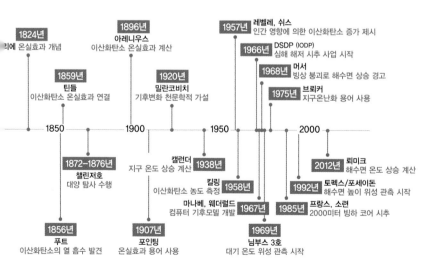

◆ 기후변화 연구 역사 흐름도

년에는 3,000미터의 빙하 코어로 80만년 전까지 거슬러 옛날 지구의 기후 기록을 확보했다.

2012년 스크립스 해양연구소 해양물리학자 딘 뢰미크(Dean Roemmich) 등은 아르고(Argo) 프로그램의 최근 관측 자료(2004~2010)와 챌린저호 관측 자료(1872~1876)에서 처음으로 전 지구적 수온 변화를 비교하여 전 지구 해수면 온도가 135년 사이에 섭씨 0.59도 상승했음을 추정했다. 수온 상승 정도는 수심이 깊어짐에 따라 그 차이가 작아지는 것과 대서양이 태평양보다 온난화 경향이 큰 것을 확인했다.

기후변화 대응의 역사

1980년대 후반에 이르러 기후변화는 과학자들의 연구 대상에서 벗어나 일반 대중도 관심을 두게 되었다. 1988년 NASA의 기후학자 제임스 핸슨(James Hanson)은 미국 의회인 상원회의에서 '지구온난화'라는 용어를 사용했다. 이로써 정치권에서도 '지구온난화'라는 용어가 등장하기 시작했다. 이후 국제적으로도 지구온난화 진행을 억제하기 위한 노력이 시작되었다.

1988년에 세계기상기구(World Meteorological Organization, WMO)와 국제연합환경계획(United Nations Environment Programme, UNEP)은 인간의 활동으로 인한 기후변화의 위험을 평가할 '기후변화에 관한 정부간협의체(Intergovernmental Panel on Climate Change, IPCC)'를 설립했다. IPCC는 1992년에 채택한 「기후변화협약」의 실행에 관한 보고서를 발행하고 있다. IPCC 평가보고서는 철저하게 과학적 근거에 의해서 작성되고 각국 대표단의 토론을 거쳐 확정하고 있으며, 기후변화 연구, 토의 및 정책 개발에 관한 기준서 역할을 한다. 평가보고서 발간을 통하여 기후변화와 관련된 과학적, 기술적, 사회경제학적 정보를 제공한 기여로 IPCC는 2007년 노벨 평화상을 수상했고, 현재까지 6차례 평가보고서를 발간했다.

1992년 국제사회는 온실가스 배출을 제한하고 기후변화에 대처하기 위한 최초의 국제조약인 「기후변화에 관한 유엔 기본 협약(United Nations Framework Convention on Climate Change, UNFCCC, 기후변화협약)」을 채택했다. 이 협약은 1994년, 197개국의 서명으로 발효되었다. UNFCCC에서는 기후변화를 '비교 대상 기간에 관찰되는 자연적 기후의 변동성에 더하여, 직간접적으로 지구 대기의 구성을 변화시키는 인간의 활동으로 인해 발생하는 기후의 변화'로 정의했다. 이 정의에 따르면, 기후변화란 '자연적인 요인과 온실가스를 증가시키는 모든 인간 활동 요인에 의한 30년 이상 장기적인 평균 날씨 상태의 변화'다.

1997년에는 UNFCCC를 확대한 「교토의정서(Kyoto Protocol)」 제정으로 이어져 공동이행, 청정개발체제 및 배출권 거래제를 제시하고 선진국은 개별 목표에 따라 온실가스를 감축하자는 데 합의했다. 2020년 「교토의정서」가 만료되기에 앞서 2015년에 「교토의정서」를 대체하고 2021년부터 적용될 「파리협정(Paris Agreement)」을 채택했다. 「파리협정」에서 합의한 내용은 지구온난화 수준을 산업화 이전 대비 섭씨 2.0도 이하로 유지하고 추가로 온도 상승 폭을 섭씨 1.5도 이내로 제한하기 위해 선진국뿐만 아니라 개발도상국까지 포함한 모든 유엔 국가가 탄소 배출량을 줄이자는 것이다. 이를 '신기후체제(Post-2020)'라고도 한다.

2018년 인천에서 개최된 IPCC 제24차 총회에서 채택한 「지구온난화 1.5℃ 특별보고서」에 "기후변화를 막기 위해서는 2030년까지 이산화탄소 배출량을 현재의 절반 수준으로 감축하고, 2050년까지 인위적인 온실가스 배출을 '넷-제로(Net-zero) 상태'로 만들어야 한다"고 권고했다. 넷-제로라는 용어가 처음으로 언급된 것이다. 온실가스 배출량만큼 제거해 순배출량을 0으로 만들겠다는 의미로, 현재 기후변화 대응의 핵심 목표다. 탄소중립(Carbon neutral)과 같은 뜻으로 쓰이기도 한다.

2019년 11월 11,000명이 넘는 과학자 집단은, 발표한 성명서에 지구온난화를 '기후 비상사태(climate emergence)'나 '기후 위기(climate crisis)'로 기술하는 것이 적절하다고 주장했고, 이는 과학잡지 〈바이오사이언스(BioScience)〉 2020년 1월호에 게재되었다.

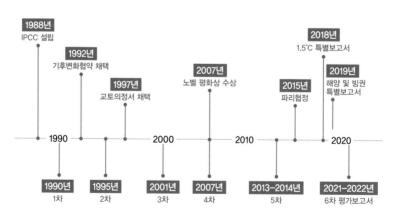

◆ 기후변화 대응 과정

2 지구시스템 순환 체계

지구 전체의 기후를 이해하려면 '지구시스템'에 대해 이해해야 한다. 지구시스템이란 서로 밀접하게 연결되어 영향을 주고받으며 지구 환경을 구성하는 요소의 집합체라 할 수 있다. 지구시스템의 구성 요소는 육지가 중심인 지권(地圈), 바다 등 물 중심의 수권(水圈), 산소와 질소 등이 포함된 대기 중심의 기권(氣圈), 그리고 동식물 중심의 생물권(生物圈)으로 구분한다. 그중 수권에서 빙하를 중심으로 빙권(氷圈)을 분리하여 따로 구분하기도 한다. 기후 시스템은 지구시스템이 갖는 자연적인 특성의 하나다.

기후변화에 대응하려면 먼저 기후변화의 과정을 이해해야 하는데, 기후변화의 과정을 이해하기에 앞서 지구시스템에서 여러 권역 사이를 연결하는 에너지의 흐름을 알아야 한다. 지구온난화의 핵심 요소가 열에너지이기 때문이다. 이 흐름의 중심에 물 순환과 탄소 순환이 있다. 물은 각 권역 사이 또는 동일한 권역 내부에서 이동하면서 태양복사열과 만유인력에 의해 공급되는 지구 에너지를 평형상태로 유지하는 데 기여한다. 탄소 역시 여러 가지 형태로 동일한 권역 내부 또는 각 권역 사이를 순환하면서 지구 에너지 평형에 기여한다. 이 순환 과정 속에서 지구 전체의 물과 탄소의 양이 일정하게 유지된다.

물 순환

물은 지구시스템의 모든 권역 사이를 거치면서 항상 이동한다. 우리가 오늘 마시는 물은 몇 달 전 인도양에서 증발한 물일 수 있고 수년 전 내렸던 눈이 녹아 땅속에 고여 있던 물일 수도 있다. 물이 각 권역 사이로 이동할 때 액체에서 고체, 액체에서 기체 또는 그 반대로 상

(phase)이 변하기도 한다. 물의 상이 변하는 과정은 에너지가 이동하는 과정이다. 해양과 지표에서 물이 증발하는 과정에서는 에너지를 흡수하고 수증기가 응결하는 과정에서는 에너지를 방출한다.

물 순환 자체가 에너지 순환은 아니지만 태양 에너지가 이동하는 과정에 영향을 준다. 기후가 변하면 물 순환이 바뀌며, 물 순환이 변화하여 기후가 바뀌기도 한다. 기후변화는 물 순환 형태뿐만 아니라 순환 속도에도 영향을 준다. 지구온난화로 대기의 기온이 상승하면 해양과 육지 표면의 물이 증발하는 속도가 빨라지고 더 많은 증발이 일어난다. 즉, 더 습해진다. 증발량이 많아지면 평균적으로 강수량도 증가하게 된다. 수권 또는 지권-기권-수권 또는 지권 사이의 전형적인 물 순환이다. 해양과 대기 사이에 일어나는 다양한 크기의 상호작용은 여기에 속한다.

우리는 이미 수권과 지권 사이에서 일어나는 더 많은 증발과 강수의 영향이 지구촌 곳곳에 나타나고 있음을 보고 있다. 다만 늘어난 증발량과 강수량이 전 지구적으로 고르게 영향을 주지는 않는다. 강수량이 크게 늘어나 폭우와 홍수가 발생하는 지역이 있는가 하면, 증발만 더 많아지고 강해져 오히려 가뭄이 심해지는 건조 지역도 있다. 기후변화의 영향으로 강한 홍수와 심각한 가뭄 같은 극한기상 현상이 더 자주 발생하는 것이다. 지권-수권-기권-지권 사이의 순환은 빙상(ice sheet, 육지를 덮고 있는 거대한 얼음덩어리)과 빙하(glacier, 흘러내리는 얼음)가 녹은 물이 해양으로 유입되고 증발과 강수(눈) 과정을 거쳐 극지역 얼음으로 돌아오는 순환으로, 지구온난화의 영향이 직접 나타나고 해수면 상승을 가져오는 순환 과정이다.

탄소 순환

지구시스템 각 권역을 구성하는 성분은 매우 다르며 지질연대와 같은 시간에 따라서도 다르다. 현재의 지권 전체 구성 성분은 철(Fe)이 35퍼센트로 제일 많고, 산소(O) 30퍼센트, 규소(Si) 15퍼센트, 마그네슘(Mg) 13퍼센트 순서다. 지권의 껍질에 해당하는 지각의 구성 성분은 산소 46.6퍼센트, 규소 27.7퍼센트, 그리고 알루미늄(Al)과 철 순서다. 해수의 성분은 염소(Cl)와 나트륨(Na)이 각각 55.0퍼센트 및 30.6퍼센트이며 황산염(O_4S)과 마그네슘이 뒤를 잇는다. 탄소(C)는 양이 적어 기타 성분에서도 눈에 잘 띄지 않는다.

그러나 기권과 생물권에서는 그 위상이 달라진다. 대기의 구성 성분은 질소(N) 78.1퍼센트, 산소 20.9퍼센트, 수증기, 아르곤(Ar) 0.9퍼센트, 이산화탄소 0.03퍼센트 순서다. 탄소는 생물체를 구성하는 중심 원소이고 유기화합물의 핵심 원소다. 탄소의 형태는 육지에서는 암석(석회암)과 화석 연료(석탄, 가스), 대기에서는 이산화탄소, 해양에서는 탄산 이온, 그리고 생물권에서는 유기화합물의 형태로 분포한다.

탄소 순환 과정은 세 가지의 연결 고리가 대표적이다. 기권-생물권-지권-기권 사이의 순환 흐름은 기권의 탄소가 식물의 광합성을 통해 생물권으로 이동하고, 생물의 유해가 화석 연료로 지권에 저장되며, 화산 폭발이나 화석 연료 연소에 따라 이산화탄소 상태로 변하면서 기권으로 이동하는 흐름이다.

기권-수권-지권-기권 사이의 탄소 순환을 보면 대기 중의 이산화탄소가 해양에 흡수된 후 탄산 이온 형태로 수권에 저장되고, 탄산 이온은 해양생물에 흡수되어 해양생물이 죽으면 퇴적되어 석회암의 형태로 지권에 저장된다. 현재 이산화탄소 대부분은 석회암에 갇혀 있다.

만일 석회암의 모든 이산화탄소를 대기로 보낸다면 대기압은 현재 1기압에서 60기압으로 높아지고 온실효과로 기온은 수백 도 올라갈 것이다. 금성과 같은 대기 상태가 되는 것이다.

기권-생물권-기권 사이의 흐름은 대표적으로 대기 중 메탄가스(메테인, CH_4)의 증가와 관련 있다. 앞서 설명한 바와 같이 대기 중 이산화탄소는 광합성으로 식물에 흡수되고 식물을 먹은 소와 같은 동물은 메탄가스를 대

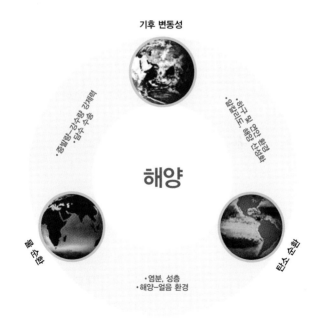

기후 변동성

해양

• 염분, 성층
• 해양-얼음 환경

◆ 물 순환, 탄소 순환 모식도(자료: Wikipedia)

기 중으로 방출한다.

　탄소 순환의 과정은 에너지 종류의 변환 과정으로도 이해할 수 있다. 태양에서 지구로 처음 공급되는 열에너지는 광합성에 의해 화학에너지로 바뀌고, 화재, 화산 폭발 및 화석 연료 연소로 화학에너지가 열에너지로 전환된다. 열에너지의 일부는 인간이 개발한 기술에 의하여 전기에너지로 바뀌게 된다. 우리가 전기를 사용하는 것은 궁극적으로 태양의 에너지를 사용하는 셈이다. 화석 연료 연소에 따른 대기 중 이산화탄소 증가와 늘어난 가축 사육 결과로부터 대기 중 메탄가스 증가는 지구온난화의 원인이며, 해양의 탄산 이온 증가는 해양 산성화의 핵심 요소다.

3 기후변화와 바다

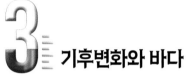

기후변화의 몸통과 조절자

우리가 기후변화와 그 영향을 이야기할 때 주로 날씨와 같은 기상 변화나 육지를 중심으로 한 생태계 변화, 연안 침식과 침수를 예로 든다. 이처럼 기후변화 과정을 대기와 육지의 현상으로 이해하는 것이 일반적이지만 실제로 기후변화를 조절하는 실체는 해양이다. 해양은 기후변화가 얼마나 빨리, 그리고 어느 정도 크기로 진행될지를 조절하는 능력이 지구상에서 가장 크다.

해양이 기후변화 조절자라고 하는 것은 세 가지 해양학적 사실로 설명된다. 첫째, 해양은 기후를 결정하는 요소인 물, 열과 온실가스를 대기보다 월등하게 많이 저장한다. 둘째, 해양 운동을 통하여 열과 온실가스를 전체 해양 내부에 이동시켜 재분배한다. 셋째, 해수면에서 해양과 대기 사이에 열과 온실가스의 교환이 끊임없이 일어난다. 이러한 해양의 특성으로 지구시스템 물 순환과 탄소 순환의 강도와 속도가 영향을 받고 기후변화의 완급이 조정되는 것이다.

기후를 결정하는 중요한 요소는 물, 열과 이산화탄소를 비롯한 온실가스로 볼 수 있는데 해양은 이러한 요소들을 저장할 수 있는 용량이 대기보다 월등하게 크다. 해양은 지구 전체 표면적의 약 71퍼센트 정도를 차지하고, 얼음과 구름까지 포함한 지구상 모든 물의 약 97퍼센트를 가지고 있다. 즉, 지구상 대부분의 물은 바닷물이다.

바닷물은 열을 품을 수 있는 능력인 열용량이 공기보다 훨씬 크다. 동일한 부피의 바닷물과 공기를 같은 온도만큼 올리려면 바닷물에 훨씬 더 많은 열을 가해야 한다. 마치 몸집이 큰 사람이 마른 사람보다 더 많이 먹어야 배가 부르는 것을 느끼는 것과 같다.

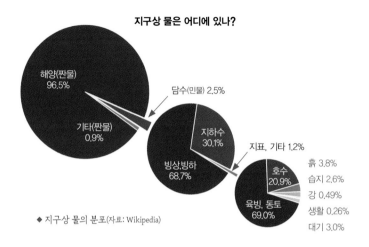

◆ 지구상 물의 분포(자료: Wikipedia)

대기는 지표면으로부터 수 킬로미터 높이에 이르는데, 이 대기 전체 열용량은 $5.3 \times 10^{21} J/^{\circ}C$이다. 그런데 해양은 해수면으로부터 불과 1미터 깊이까지의 바닷물만 따져도 열용량이 $1.48 \times 10^{21} J/^{\circ}C$이다. 수 킬로미터와 1미터의 차이라는 것을 따져 보면 대기와 물의 열용량을 쉽게 비교할 수 있다.

대기 전체의 온도를 섭씨 1도 올릴 수 있는 열은 해수면에서 3.6미터 깊이까지의 바닷물 온도를 1도 올릴 수 있다. 360미터 정도 깊이까지의 바닷물 온도는 섭씨 0.01도밖에 올리지 못한다. 그리고 현재까지 알려진 가장 깊은 바다의 깊이는 약 11,000미터에 이른다. 이는 대기 중 증가하는 열을 해양이 흡수할 수 있는 능력이 매우 크다는 것을 의미하며, 해양이 지구상의 증가하는 열을 안정적으로 흡수할 수 있는 조건을 가지고 있음을 뜻한다.

해양에서 해류의 이동 속도는 대기의 바람 속도보다 평균적으로 10분의 1 정도로 느리지만 전 지구적으로 열을 분배하는 효율은 해양과 대기가 크게 다르지 않다. 세계기상기구의 발표에 따르면, 최근 연구 결과 지구온난화에 따라 증가한 열 중 1퍼센트만 대기 중에 존재하고, 육지 표면을 데우고 얼음을 녹이는 데 각각 6퍼센트와 4퍼센트가 쓰인 것으로 나타났다. 나머지 증가한 열의 대부분(89퍼센트)은 해양에 흡수된 것이다.

지구온난화로 증가한 열은 어디로 갔을까?

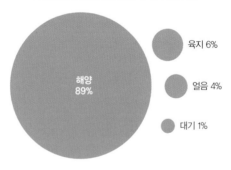

◆ 지구온난화에 따른 열 분배(자료: 세계기상기구 WMO)

온실가스의 경우 이산화탄소를 축적할 수 있는 용량도 해양이 대기보다 약 50배 정도 크며, 대기에서 증가한 이산화탄소 30퍼센트 정도를 흡수하고 있다. 이러한 특성 때문에 대기에서 온도나 이산화탄소 농도의 변화가 빠르게 진행되더라도 해양은 대기에 증가하는 열과 이산화탄소를 흡수하여 지구 전체적인 변화의 속도를 느리게 하는 역할을 한다. 다시 말해, 바다는 기후변화 진행을 붙잡아 변화 속도를 느리게 하는 역할을 한다.

해양에 흡수된 열과 온실가스는 여러 해양 운동을 통하여 전체 해양 내부에서 이동되고 재분배된다. 해양 운동은 크게 조석, 파도, 해류의 세 가지로 구분할 수 있다. 이 가운데 조석은 현재의 지구온난화와 관계는 없다. 조석의 원동력인 만유인력은 지구, 달 및 태양 사이의 위치와 거리에 의해 결정되기 때문이다. 파도는 기후변화 영향으로 바람의 특성 변화에 따른 영향을 받기는 하지만 기후변화 진행에 영향을 주지는 않는다. 파도는 수면 높이만 변하는 상하 운동일 뿐 물을 멀리 수송하는 현상은 아니다. 해류는 일정한 방향성을 가진 흐름으로 바닷물에 포함된 열, 염분, 온실가스, 영양염 등을 이동시킨다.

해류를 유지하는 원동력은 크게 바람과 해수 밀도의

차이 두 가지다. 지구 자전과 해저 지형은 흐름의 특성을 조정할 뿐, 흐름을 발생시키는 원동력으로 작용하지는 않는다. 바다의 수면 가까운 해양 상층에 분포하는 해류는 바람 응력에 의한 수평적인 흐름이다. 상층 해류가 연결되면 고리와 같은 형태의 큰 흐름을 형성하는데 이를 풍성순환(風成循環, wind-driven oceanic circulation)이라고 한다.

편서풍이나 무역풍과 같이 평균적인 바람 분포의 특성에 따라 대양에서는 북반구와 남반구 각각 2~3개의 시계 방향 또는 반시계 방향으로 흐르는 순환계가 있다. 대표적으로 북태평양의 예를 들면 서쪽 중위도 경계에 북쪽으로 흐르는 쿠로시오와 동쪽 중위도 경계에 남쪽으로 흐르는 캘리포니아해류가 연결되는 시계 방향 순환계를 들 수 있다.

심층 해류는 바닷물의 밀도 분포의 차이에 의해 일어나며 열역학적 기작으로 설명된다. 수평적으로 해수 밀도의 차이가 있으면 다른 지점 사이에 압력 차이가 생겨 흐름이 발생하고, 수직적으로 밀도의 변화가 있으면 부력이 변하여 상승 또는 하강하는 운동이 발생한다. 어떠한 경우든지 자연계의 유체는 압력이 높은 데서 낮은 데로 움직이게 되며 해수도 마찬가지다.

전체 해양의 밀도 분포 특성에 따라 극지 해역에서는 바닷물이 무거워져 심층수가 형성되고, 이 심층수는 전 대양으로 이동하며 중저위도 해역에서 상승하여 다시 극지 해역으로 연결되는 순환계를 형성한다. 이를 열염순환(熱鹽循環, thermohaline circulation)이라고 하며 순환 형태의 모양에 비추어 컨베이어벨트(conveyor belt)라고도 하는데 바람에 의한 표층 순환보다 매우 느려 몇백 년에서 천 년 단위의 시간이 걸린다. 빠른 운동이든 느린 운동이든 해양 운동은 해수 내의 열과 온실가스 등을 수송하면서 이 것들을 바다 내부에 재분배한다. 기후변화는 이러한 해양 순환계의 변화와 맞물려 진행된다.

　해수면에서는 해양과 대기 사이의 상호작용으로 열과 온실가스의 교환이 일어난다. 해양-대기 상호작용이 일어나는 현상은 공간적으로 밀리미터에서 1만 킬로미터, 시간적으로는 초에서 수년에 이르는 매우 다양한 범위에서 나타난다. 가장 작은 규모의 해양-대기 상호작용의 예는 해양과 대기 사이의 온도 차에 따라 전달되는 현열(sensible heat, 가열 또는 냉각에 따라 변화하는 데 필요한 열)과 물의 증발 및 수증기 응결 과정에 수반된 잠열(latent heat, 온도 변화는 없이 고체, 액체, 기체의 상태 변화에 사용되는 열) 등의 물과 공기 사이의 열교환이다.

공기 중 물보라와 해수 중 미세 기포 등의 움직임에 관련한 가스의 교환 과정도 매우 작은 크기 규모에서 설명한다. 바람이 강할 때 일어나는 바다 물보라의 물방울의 일부는 바다에 다시 떨어지지만 일부는 대기에서 증발하면서 품고 있던 가스를 방출한다.

조금 더 큰 규모의 해양-대기 상호작용의 예는 바다에서 발생하는 구름이다. 여름철 한반도에 국지적 호우를 일으키는 황해의 비구름이나 겨울철 서해안 지역에 폭설을 일으키는 구름 발달 과정이 전형적인 예다. 더 나아가 더운 바다에서 발생하여 온기와 습기로 커지고 북쪽으로 움직이는 태풍의 발달 과정은 중간 정도 규모의 해양-대기 상호작용의 현상으로 설명할 수 있다. 이보다 큰 대형 해양-대기 상호작용으로 엘니뇨-남방진동을 들 수 있다.

태평양 적도 해역은 서쪽과 동쪽 부근의 해수면 온도가 크게 다르다. 인도네시아 부근의 서쪽은 연평균 섭씨 29도 이상으로 수온이 높게 나타나고, 동쪽은 남미 연안을 따라 적도 쪽으로 흐르는 해류와 연안에서 심층의 해수가 표층으로 올라오는 용승(upwelling) 현상으로 찬 바닷물이 유입되어 수온이 섭씨 20~25도 정도로 서쪽에 비해 훨씬 낮다. 그런데 부정기적으로 동쪽 해역에 용승이 약해지면서 수온이 상승하게 된다. 이를 엘니뇨(El Niño, 스페인어로 '남자아이'라는 뜻)라 하는데 남방진동(south-ern oscillation)이라 일컫는 대기 기압배치의 변화와 동시에 발생한다.

엘니뇨 기간에는 적도 해역에서 서쪽으로 부는 무역풍이 약해지며, 인도네시아와 호주는 강수량이 낮아져 산불 발생이 잦아지고 평상시 건조하던 남미 태평양 연안에 홍수가 나기도 한다. 해수면 온도 분포가 달라져 증발량의 형태가 변하면서 강우대의 위치가 이동했기 때문이다. 엘니뇨의 영향은 태평양 적도뿐만 아니라 중위도 지역까지 미치는 것으로 밝혀져 해양의 변화가 거의 전 지구 기상에 영향을 미치고 있다는 것을 알 수 있다.

이처럼 해양-대기 상호작용은 그 규모와 상관없이 해양과 대기 사이에서 열과 온실가스를 교환하고, 이는 기후시스템이 평형 상태를 유지하도록 하는 과정으로 볼 수 있다.

대양 컨베이어벨트

미국에서 발행하는 잡지 〈자연사(Natural History)〉 1987년 10월호에 'Great Ocean Conveyor Belt(대양 컨베이어벨트)'라고 이름을 붙인 열염순환 모식도가 처음 게재되었다. 월리스 스미스 브뢰커가 작성한 영거 드라이어스(Younger Dryas)에 대한 기사의 삽화였다. 영거 드라이어스란 마지막 빙기가 끝나고 온난화가 진행되던 과정에 일시적으로 빙기 상태가 다시 돌아온 시기를 가리킨다.

컨베이어벨트는 기후시스템 영역, 특히 해양과 대기 간 연결의 중요성을 상징한다. 예를 들면, 해수의 밀도는 수온과 염분에 의해 결정되고 이때 태양 복사열, 강수와 증발, 결빙과 해빙, 육지에서 강을 거쳐 흘러드는 담수(민물) 유입 등 바다와 대기 그리고 바다와 육지 경계에서 나타나는 현상이 해수의 수온과 염분 변화를 일으키는 요소들이다.

컨베이어 작동의 부산물인 열은 북유럽을 따뜻한 겨울 기온으로 유지하게 하고, 영거 드라이어스 사건으로 알려진 수천 년간 매우 추웠던 변화는 컨베이어벨트가 일시적으로 정지한 결과였다. 이후 컨베이어벨트는 해양

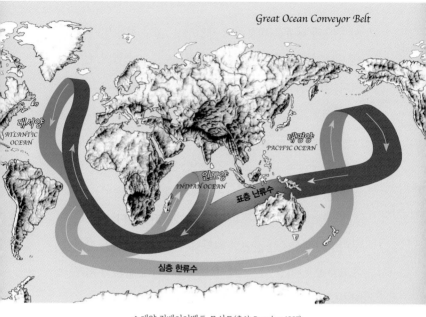

◆ 대양 컨베이어벨트 모식도(출처: Broecker, 1987)

이 기후를 조절하는 상징적인 용어가 되었다. 이 컨베이어벨트의 모식도를 그리는 데에는 많은 해양 화학 분야의 관측 자료의 분석에 근거했고, 결론에 도달하기까지 여러 선행 연구의 도움을 받았다.

해양학자들은 1872년부터 1876년에 선박 세 척을 이용한 챌린저(Challenger) 탐험을 현대 해양학의 시작으로 본다. 과학적인 목적으로 극지 해역을 제외한 전 대양에서 수온과 해류를 비롯하여 해양생물, 해저 지질 및 수심에 이르기까지 광범위한 자료를 처음으로 수집했기 때문이다. 해양에서 가장 깊은 마리아나 해구(Mariana Trench)를 발견했으며 해수면에서 심층까지 수온 분포의 특성을 관측했다. 이 관측과 이후의 관측 자료들로부터 심층수가 북극과 같은 고위도에서만 형성된다는 것을 알게 되었으며, 이는 해양 어딘가에서 해수의 상승이 있음을 암시했다. 물의 운동은 연속적으로 이어져야 하기 때문이다. 이에 대한 정교한 해양학적 해석은 챌린저 탐험 후 80~90년이 지나 두 명의 해양물리학자에 의해 이루어졌다.

우즈홀 해양연구소의 해양물리학자 헨리 스토멜(Henry Stommel, 1920~1996)은 1957년 논문 「A survey of ocean current theory(해류 이론의 조사)」에서 열염순환과 유사한 초기 해양순환모델을 제안했다. 남쪽으로 흐르는 심층류의 해수를 공급하기 위해 북쪽에서 해수면의 냉각과 증발로 인한 밀도 변화로 상층의 물이 하강하여 심층수가 형성되고, 남극해에서 물이 상승하여 심층수 형성 해역으로 흐른다는 개념이다.

한편, 스크립스 해양연구소의 해양물리학자인 월터

뭉크(Walter Munk, 1917~2019)는 1966년 그의 논문 「Abyssal Recipes(물리적 특성)」에서 처음으로 심층수의 침강속도와 혼합속도를 정량적으로 평가했다.

대양 컨베이어벨트는 매우 느린 흐름이다. 앞에서 월터 뭉크가 계산에 사용한 침강속도는 하루 1밀리미터로, 100미터 내려가는 데 274년이 걸리는 속도다. 열염순환계는 한 바퀴 도는 시간이 천 년의 단위인 느린 순환이지만 지구온난화를 멈추게 하고 이후 지구가 급격한 냉각화로 변화의 방향이 바뀌게 되는 핵심 현상이다. 이와 관련한 설명은 다음 장의 티핑 포인트 내용에 추가되어 있다.

2019년 과학 학술지 〈사이언스〉에 흥미로운 논문이 게재되었다. 지금부터 150년 전의 첼린저 탐험 관측 자료와 최근 수집된 자료를 이용하여 순환 모델을 연구한 결과 20세기 동안 태평양 심해는 수심 1.8~2.6킬로미터 깊이에서 섭씨 0.02~0.08도 정도 차가워졌고, 이러한 냉각은 앞으로 수십 년 동안 지속될 것이라는 내용이었다. 아울러 이러한 냉각의 이유는 약 1300년부터 약 1870년까지 진행된 소빙하기(Little Ice Age) 때의 영향이 지금 태평양 심해에 나타나고 있을 가능성이 크다고 했다. 소빙하기의 기록을 담은 타임캡슐이 북대서양 북쪽에서 출발하여 컨베이어벨트를 따라 태평양 심해까지 도달하는 데 150년 이상 걸린 셈이다.

현재 대기와 해양 상층은 온난화 과정에 있지만 느린 열염순환계가 지나는 대양 심층은 소빙하기의 영향으로 아직도 냉각 중이다. 소빙하기가 없었다면 지금의 지구온난화 속도는 더 빨리 진행되었을지 모른다. 해양은 여전히 기후변화 속도를 조절하고 있다.

4 시간의 문제

날씨와 기후

우리 대부분은 일기예보를 확인하며 하루를 시작하듯, 날씨는 우리 생활에 큰 영향을 미친다. 그런가 하면 기상이 변과 기후변화의 소식을 접하는 기회도 늘고 있다. 그러나 많은 사람은 날씨와 기후의 차이에 대해 별로 관심이 없거나, 대부분 같은 것으로 여기기도 한다. 하지만 날씨와 기후는 다르다. 날씨는 짧은 기간의 대기 상태를 말하고, 기후는 한 지역의 오랜 기간 날씨의 평균 상태를 말한다. 여기서 짧은 기간은 주, 일, 시간 또는 순간이 될 수 있고, 오랜 기간이란 일반적으로 30년 이상을 의미한다.

기상학자들은 "날씨는 기분이고, 기후는 성품"이라고 비유한다. 날씨는 변하는 속성이 있고 기후는 좀처럼 변하지 않는다는 것이다. 그 외에 "날씨는 보는 것이고, 기후는 생각하는 것이다"라거나 "날씨는 얻는 것이고, 기후는 기대하는 것"이라는 이야기도 있다. 이 모두가 직접 경험하는 현상인 날씨와 날씨의 경향을 일반화하려는 기후에 대해 말하고 있다.

"오늘은 흑산도에 눈이 내린다"라고 하면 날씨를 이야기하는 것이고, "겨울철 서해안에는 폭설이 자주 올 것이다"라고 하면 기후를 말하는 것이다. 더위에 관한 뉴스에서 "20년 만의 더위"라고 하면 "이전에도 그랬다는데 무엇이 문제냐"라고 하는 사람이 있다. 이때 말하는 더위는 날씨를 말하는 것이지만, 20년에 한 번 겪을 정도의 더위 발생 간격이 5년이나 3년처럼 매우 짧아진다면 기후가 변한 것을 알려준다.

날씨를 알려주는 요소는 온도, 기압, 바람, 습도, 강수 및 구름 등이고, 이 요소들의 구성에 따라 맑음, 흐림, 비, 바람, 폭풍우 등으로 유형이 나뉜다. 기후의 요소는 대체로 날씨의 요소에 태양 복사열이 추가되며, 유형은 일반적으로 열대, 건조, 온대, 냉대 및 한대로 분류한다. 날씨가 순간의 대기 상태라고 한다면 기후는 기권, 수권, 지권 등 영역의 개념을 포함한 기후시스템 구성 요소의 상태라 할 수 있다. 따라서 날씨와 기후를 이야기할 때 모두 특정 위치의 대기 상태를 의미하지만 이러한 상태를 정의하는 시간에는 큰 차이가 있다. 즉, 날씨와 기후의 가장 큰 차이는 시간에 있다.

대기의 폭풍이나 구름처럼 해양에도 '날씨'로 비유하는 현상이 있다. 대표적으로 시계 방향 또는 반시계 방향으로 회전하는 흐름인 소용돌이(eddy)다. 소용돌이의 크기는 다양하다. 대표적인 중규모 소용돌이는 일반적인 수평 크기가 100킬로미터 정도에 수직 크기는 수백 미터에 이르며 수 주일에서 수개월 정도 유지된다. 해양 어디에서나 있으며 대양에는 중규모 소용돌이가 가득 차 있다고 이야기하기도 한다.

날씨가 온도, 바람, 강수 등 대기 구성 요소의 상태를 나타내듯이 중규모 소용돌이는 해수의 구성 요소인 온도, 염분, 용존산소, 탄소 등을 주변 해역으로 전달하거나 변화에 영향을 주는 등 해역의 상태를 결정하는 배경이 된다. 특정 위치의 해수 구성 요소를 변화시킨다는 점에서 여름철 동해안에 발생하는 용승 현상도 해양의 날씨라 할 수 있다.

북반구에서는 바람이 불면 상층의 물이 바람 방향의 오른쪽 직각 방향으로 옮겨진다. 육지 동쪽에 바다가 있고 바람이 해안선에 평행하게 북쪽으로 불면 상층의 해수는 해안에서 바다 쪽으로 나가게 된다. 이때 바다 쪽으로 나가는 물을 보충하기 위해 깊은 수심에 있는 찬물이 표층으로 올라오는데 이 현상을 용승이라고 한다. 용승이 발생하면 표층 수온이 주변보다 매우 낮아지게 된다.

중규모 소용돌이나 연안 용승 현상에 비해 큰 해류나 순환계는 바다의 '기후'로 비유할 수 있다. 평균 상태가 변하지 않거나 변하더라도 매우 오랜 시간에 걸쳐 변하기 때문이다. "오늘은 영덕 앞바다에 용승 현상으로 냉수대 주의보가 내렸다"라는 뉴스는 해양의 날씨를 말하는 것이고, "여름철에는 동해안에 용승 현상이 자주 발생할 것이다"라고 이야기하면 해양의 기후를 말하는 셈이다. 해양의 날씨와 기후 차이도 시간에 있다.

이처럼 날씨와 기후변화 과정을 설명할 때 시간은 매우 중요한 변수이다. 대기 온도는 태양고도가 높을수록 올라간다. 태양의 고도에 따라 일사량이 다르기 때문이다. 그러나 하루 중 기온이 가장 높은 시간은 태양고도가 가장 높은 시간보다 늦게 나타난다. 우리나라 육지에서는 약 두 시간 차이가 난다. 또한 일 년 중 가장 더운 시기도 태양고도가 가장 높고 낮이 가장 긴 하지가 지난 후인 7~8월이다. 태양 복사로 지표면이 가열되고, 데워진 지표면에서 지구 복사열이 방출되어 대기의 온도가 올라가는 데 시간이 걸리기 때문이다.

일 년 중 가장 추운 시기도 태양고도가 가장 낮은 동지보다 1~2개월 후에 나타난다. 이러한 현상을 열 지연(thermal lag) 또는 계절 지연(seasonal lag)이라고 한다. 열 지연의 원인은 물이다. 물은 열용량이 크고 냉각으로 얼어붙거나 이슬 맺히는 잠열이 높아 온도를 높이는 데 열이 더 많이 필요하다. 물의 온도를 올리는 데 시간이 걸린다는 뜻이다.

육지의 사계절과 바다의 사계절에도 시간 차이가 있다. 물로 가득 찬 바다에서는 열이 더 오래 남아 있어 사계절이 육지보다 늦게 시작된다. 우리나라 주변 해양은 일 년 중 가장 더운 시기가 8월을 지나 9월 초순이다. 강한 태풍이 8월보다 9월에 더 발생하는 이유다.

기상청 통계를 보면 기후변화에 따라 우리나라의 사계절 중 봄과 여름은 시작이 빨라지고 기간은 길어졌으며, 가을과 겨울은 시작이 늦어지고 기간은 짧아진 상태에 있다. 이를 계절 변화의 비대칭성이라고 한다. 우리나라 주변 해양 변화에도 계절적 비대칭성이 나타나고 있다.「한국 기후변화 평가보고서 2020」에 따르면, 우리나라 주변 해역의 표층 수온 상승률은 여름보다 겨울철 수온 상승이 2~3배 높다. 대기와 해양 변화의 비대칭성 조절자는 해양-대기 상호작용과 공기와 해수의 열용량 차이다. 열용량 차이는 열 지연의 이유에 있고, 기후변화는 궁극적으로 시간의 문제로 설명할 수 있다.

기후시스템의 물 순환과 탄소 순환에서 물과 탄소의 권역별 체류시간(residence time)은 기후변화의 과학적 이해뿐만 아니라 대응 정책을 수립하는 데 기초 자료가 된다. 체류시간은 물이나 탄소가 대기, 해양 등 한 권역으로 유입되어 다른 권역으로 유출되기 전까지 머무르는 평균 시간을 말한다. 일반적으로 체류시간은 한 권역에 있는 물질의 총량을 유입 또는 유출량으로 나눈 값이다. 물의 경우 대양에서 체류시간은 천 년의 단위이다.

바다의 영역을 연해와 같이 좁은 영역으로 한정하면

체류시간은 훨씬 짧아진다. 예를 들면, 동중국해에서 공급된 황해의 물 체류시간은 4~5년으로 관측되었다. 육지인 토양에서 체류한 시간은 약 1년이고, 대기로 증발한 수증기의 체류시간은 훨씬 짧은 약 9일이다. 황해에서 수증기가 증발하면 곧 비나 눈이 되어 내린다는 의미다. 기후변화에 따라 물 순환이 빨라졌다는 것은 수증기의 대기 체류시간이 짧아졌다는 뜻도 된다.

극 지역 빙하에서 물 체류시간은 1천 년에서 1만 년으로 해양보다도 길다. 기후변화로 줄어든 빙상이 녹아내리기 전의 상태로 돌아가려면 1천 년 이상의 시간이 필요하다. 빙상 감소에 따른 해수면 변화도 마찬가지다. 지금 온실기체 배출을 멈추더라도 현재까지 진행된 빙상 감소와 해수면 변화는 되돌릴 수 없는 엎질러진 물인 셈이다. 이산화탄소의 체류시간은 대기에서 5~200년이다. 관측 자료가 제한적이어서 계산에 사용한 자료와 산출방식에 따라 체류시간 범위를 넓게 제시하고 있긴 하지만 지금 당장 배출된 이산화탄소를 모두 제거한다고 해도 이미 대기 중에 포함된 이산화탄소의 영향이 매우 긴 기간 지속될 수 있다는 의미다. 결국 기후변화에 대응하는 정책을 실행하는 것은 시간과의 싸움이다.

5 현재 상태

가속페달을 밟고 있는 기후변화

2021년 발표된 IPCC 6차 보고서에 따르면 지구 기후 시스템의 변화 크기와 변화 속도는 수천 년 전에서 지금까지 이르는 기간에 여러 측면에서 전례 없는 수준이라고 한다. 그 예를 들면 다음과 같다.

- 과거 2,000년 동안의 지구 표면온도를 50년 단위로 비교한 결과 1970년 이후에 가장 빠르게 증가했다. 가장 최근의 온난기까지 거슬러 올라가면 과거 약

6,500년 전 수백 년 동안의 온도 변화보다 최근 10
년(2011~2020년)의 온도 변화가 더 크다.

- 북극해 연평균 해빙(sea ice) 면적은 1850년 이후에
  최근 10년(2011~2020년)이 가장 작다. 1950년대 이
  후, 지구 대부분의 빙하가 동시에 줄어드는 현상은
  과거 2,000년 동안 유례가 없었던 일이다.

- 해양은 지구 역사상 최근이라 할 수 있는 약 11,000
  년 전 퇴빙기 말 이후의 시기 중, 지난 100년간 가
  장 빠르게 온난화되었다. 지구 평균 해수면 상승 속
  도는 과거 3,000년을 백 년 단위로 비교했을 때

1850~1900년 대비 지구 표면온도 변화

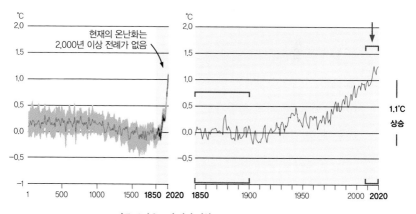

◆ 지구 표면온도의 변화 경향(출처: IPCC 6차 평가보고서, 2021)

1900년 이후 가장 빠르다. 바닷물의 수소이온농도 지수(pH)는 과거 5,000만 년 동안 장기간에 걸쳐 높아졌으나, 최근 수십 년 동안 관측된 표면 해수 pH는 과거 200만 년 동안 볼 수 없었을 정도로 낮다.

- 대기 중 이산화탄소 농도는 과거 2백만 년 중에서 지금이 가장 높은 것으로 평가된다. 메탄가스와 아산화질소(NO_2) 농도 역시 적어도 과거 80만 년 중에서 지금이 최고 수준이다. 온실가스 농도를 과거 80만 년 동안 반복된 빙하기와 간빙기 사이의 자연적인 변화와 비교해 보면 1750년 이후 증가량이 과거보다 훨씬 크다.

IPCC 6차 보고서에는 이러한 기후변화 경향의 특성과 함께 기후변화의 원인과 각 요소별 현재 상태를 다음과 같이 설명하고 있다.

- 1750년경 이후 온실가스 농도 증가는 인간 활동에 의한 결과이며, 이 영향으로 대기, 해양 및 육지의 온난화는 명확하다.
- 기후가 1850년 산업혁명 이후 과거 어느 때보다 지난 40년간 지속적인 온난화 경향을 보였고, 최근 10

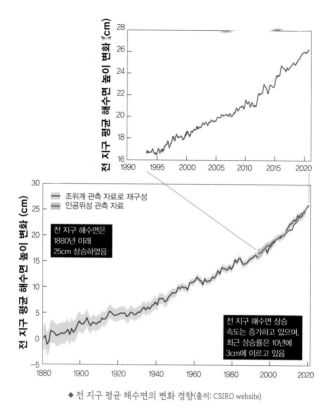

◆ 전 지구 평균 해수면의 변화 경향(출처: CSIRO website)

년(2011~2020년) 동안 지구 표면온도는 1850~1900년보다 섭씨 1.09도 더 상승했으며, 평균 온난화 속도도 1971~2006년의 35년 동안 0.5도였던 데 비해 2006~2018년의 12년 사이 0.79도로 증가했다. 이 상승 값은 인위적 요인인 온실가스 증가에 따른 온도 상승과 에어로졸 농도 증가에 따른 냉각 효과를 모두 고려한 것이다.

사연적 요인과 지구 내부 변동성에 의한 지구 표면 온도 변화는 상대적으로 매우 낮다. 육지가 해양보다 표면온도 상승 폭이 더 컸지만, 전 지구 기후시스템의 온난화를 보면 해양 온난화가 91퍼센트를 차지하고, 육지 온난화와 그에 따른 얼음 감소 및 대기 온난화는 각각 약 5퍼센트, 3퍼센트, 1퍼센트를 차지한다. 이 비율은 연구에 따라 다소 차이가 있다.

- 전 세계 빙하 감소와 북극 해빙 면적 감소는 최근에 더 두드러지고 있으며, 이에 비해 남극 해빙 면적은 지역적인 특성과 큰 내부 변동성 때문에 최근까지 뚜렷한 변화 추세를 보이지 않았다. 과거 20년간 그린란드 빙상 표면은 계속 녹고 있으며, 남극에서 서남극 빙상은 최근에 녹는 불안정성이 높아졌지만 동남극 빙상은 상대적으로 녹는 비율이 낮다.

- 해양은 1970년대 이후 바닷물 상층으로 분류할 수 있는 0~700미터 깊이에서 온난화가 진행되었고, 해양이 흡수하는 이산화탄소의 양이 증가함에 따라 수소이온농도지수가 낮아지는 해양 산성화 진행이 확실하게 일어나고 있다. 또한 20세기 중반 이후 많은 해역의 해양 상층부에서 산소 농도가 감소

하고 있다.

• 전 지구 평균 해수면은 1901~2018년 사이에 약 0.2 미터 상승했다. 평균 해수면 상승률은 1901~1971년에 1.3mm/년, 1971~2006년에 1.9mm/년, 그리고 2006~2018년에는 3.7mm/년으로 가파르게 증가하는 경향이다. 해수면 상승은 해양 온난화에 따른 열팽창과 육지의 빙상이 녹은 담수 유입으로 일어난다. 1971~2018년 동안 진행된 해수면 상승을 분석해 보면 열팽창이 약 50퍼센트를 차지하고 육지 얼음 감소가 42퍼센트, 그리고 육지 강수량 변화가 8퍼센트를 차지한다. 빙상 감소 속도는 1992~1999년부터 2010~2019년 사이에 약 4배 증가하여 빙상과 빙하의 질량 손실이 최근 해수면 상승의 주된 요인이 되었다.

IPCC 6차 보고서는 이전의 보고서와 다르게 기후변화의 영향으로 발생하는 극한 현상을 강조하여 설명했다. 기후변화는 이미 전 세계 모든 곳에서 많은 극한 기상 발생에 영향을 미치고 있다. 1850년대 이후 대부분 육지에서 폭염 발생 빈도가 늘어났을 뿐만 아니라 그 강도가 커졌고, 한파 등 극한 저온의 빈도는 줄어들고 강도는 약해지고 있다. 해양에서도 1980년대 이후 이상 고수온 발생 빈도가 거의 두 배로 늘었다. 전 지구 해양에서 강한 열대성저기압(3~5등급) 발생 비율이 과거 40년 동안 높아졌고, 북태평양 서쪽의 경우 해상 열대성저기압의 세력이 최고조에 달하는 위도가 북쪽으로 이동했을 가능성이 크다.

이러한 폭염, 호우, 가뭄, 해양 고수온, 열대성저기압 등 극한 현상의 변화는 기후시스템 내부 변동성만으로 설명할 수 없다. 관측과 연구 결과가 많이 쌓임에 따라 극한 현상의 증가가 인간의 영향 때문이라는 증거가 늘어나고 있다. 기후시스템에서 인간이 끼친 영향을 빼면 이러한 극한 현상들이 발생했을 가능성이 매우 낮다고 보는 것이다.

기후변화에 미치는 인간의 영향은 복합적인 극한 현상의 발생 확률도 높였을 것으로 보고 있다. 전 세계의 동시다발적인 폭염과 가뭄, 일부 지역의 산불에 취약한 날씨(고온, 건조, 강한 바람), 그리고 일부 지역의 발생 원인이 복합적인 홍수의 발생 빈도 증가가 여기에 해당한다. 기후변화에 따라 한 가지 자연재해보다 여러 가지 자연재해가 복합적으로 발생할 가능성이 높아진 것이다.

　IPCC에서 기후변화 평가보고서를 발표할 시기에 맞춰 우리나라도 기후변화 관측·예측·영향·적응에 대한 현황 분석과 미래를 전망한 별도의 한국 기후변화 백서를 발간한다. 2020년에 발간된 「한국 기후변화 평가보고서 2020」에는 우리나라 해양의 기후변화 상태를 다음과 같이 진단하고 있다. 우리나라 해역의 표면 수온은 동해, 황해, 남해 순으로 높은 상승률을 보이며 지속적으로 상승 중이고, 상승률은 전 지구 해양 평균보다 약 2.6배 높다. 계절별로는 겨울철이 여름보다 약 2~3배 이상 높다. 우리나라 해역의 표면 수온 상승 폭도 전 지구 해양의 평균보다 약 2배 이상 크다.

　동해 북부 해역에서 일어나는 심층수 생성 과정에 중장기 변화가 뚜렷하게 나타났다. 즉, 1990년대에는 중앙수 부피가 확장했지만 이와 대조적으로 2000년대 이후에는 동해 북쪽 러시아 인접 해역 해저에서 약화되었던 저층수 생성이 다시 발생하는 과정이 발견되었다. 상층 열용량과 중층수 특성에서 십 년 규모의 변동이 있는 것으로 나타났다.

황해에서는 수온 상승과 수심에 따라 밀도가 크게 높아진 성층이 강화되고 있으며, 황해 및 동중국해 영역에서는 해양-대기 열교환과 해상풍의 변화로 설명되는 십 년 규모의 중장기 수온 변동이 확인되었다. 해수면 부근 표층의 염분은 감소 경향으로 여름철 황해와 남해의 감소율이 높은데, 이는 양쯔강 유출수 변동의 영향으로 보고 있다. 양쯔강 유출수는 겨울철에는 중국 연안을 따라 남쪽으로 흘러가지만 여름철에는 동쪽인 제주도 방향으로 흘러 동중국해, 황해 및 남해의 상층의 염분을 감소시키는 데 영향을 미치기 때문이다.

우리나라 주변 해양의 해수면은 전 지구 해양 평균보다 상승 폭과 상승 속도가 모두 높다. 연안에서 일 년보다 짧은 주기의 변동은 제주도와 동해에서 상대적으로 높은 상승 경향을 보이고, 황해에서 낮은 상승 경향을 보인다. 제주도의 유명 관광지인 용머리 해안 관람로 곳곳이 침수된 것을 보면 그전보다 해수면이 상승했다는 것을 생생하게 알 수 있을 것이다.

해양에서의 극한 현상에는 여름과 겨울 사이의 수온 차가 커지는 수온 양극화, 수온이 기후적인 평균 상태보다 크게(예를 들면 2~6℃) 높은 상태가 5일 이상 지속되는 이상 고수온, 여름철 동해 연안에서 남풍 계열 바람의 영향으로 나타나는 용승 현상, 여름철 양쯔강 유출수 영향에 따른 동중국해 표층 저염분 해수 분포 등이 있으며, 이들의 변화가 뚜렷하게 나타나고 있다. 특히, 이상 고수온 현상은 2016년 이후로 여름철마다 계속 나타나고 있으며, 이상 고수온이 발생한 시기의 월평균 수온은 평년에 대비해 약 섭씨 1~4도 높은 경향을 보이고 있다.

IPCC의 「해양 및 빙권 특별보고서」(2019)에는 2016년에 동중국해, 2017년에 황해와 동해에서 표면 수온이 평균보다 섭씨 2~7도나 높은 극한 수온 현상이 있었다는 보고가 실려 있다. 그러나 관측 자료의 기간이 충분하지 않아 이러한 경향이 기후변화의 반응인지 결론을 내리기에는 아직 이르다.

해양 생지화학적, 즉 해양에 들어 있는 물질의 변화에 관한 연구가 비록 많이 이루어지지 않았음에도 해양 산성화가 진행 중이라 판단하고 있다. 특히 동해의 표층 해양과 대기 사이 이산화탄소 농도 차이는 전 세계 평균에 비해 높은 증가율을 보이며, 표층 pH 감소도 다른 해역에 비해 훨씬 높아 해양 산성화가 빠르게 진행되고 있다.

한편, 해양 식물의 광합성에 필요한 화학물질인 질산

염(NO₃), 인산염(PO₄³⁻) 등 영양염의 변화를 보면 우리나라 주변을 포함한 북서 태평양 해역의 해표면 질산염 농도와 질소와 인의 비율이 점차 증가하는 것으로 나타났다. 다만 이러한 현상의 원인을 기후변화에 의한 변동보다는 주변국의 산업화에 따라 대기 중으로 배출된 질소산화물(NOx)의 유입으로 보았다. 해양생물학적 변화에서는 기후변화에 따른 한반도 전 해역의 거시적 생태 변화보다는 동해 일부 해역에서의 군집 구조 및 종의 지리적 분포 변화 등이 제시되었다.

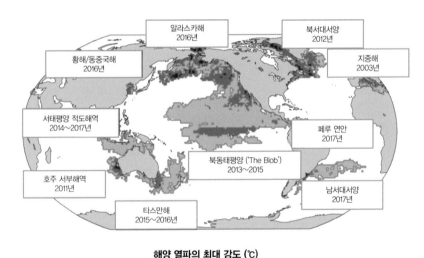

◆ 최근 해양 열파 발생 분포(출처: IPCC 「해양 및 빙권 특별보고서」, 2019)

6 과거의 기후

지구의 일기장 속에 반복된 기후변화

현재 지구의 나이는 약 46억 년이다. 빅뱅 이후 138억 년인 우주 나이의 3분의 2가 지날 즈음에 태양계가 형성되었다. 지구의 탄생과 함께 지질시대가 시작된다. 지구 탄생 후 대부분 지구 역사는 지질학과 화학만의 연구 대상이었으며, 지구 탄생 후 40억 년이 지나서야 비로소 생물학의 접근이 시작되었다.

지질시대는 생물 탄생 시기를 전후로 선(先)캄브리아

시대와 고생대, 중생대, 신생대로 나누는데, 고생대의 캄브리아기(Cambrian period)에 '캄브리아기 대폭발'이라 불리는 생물 다양성이 급증하는 사건이 있었다. 이전까지 암석이 지구의 역사에 흔적을 남겼다면, 생물이 출현하면서 지구의 역사 흔적을 여러 형태로 남겨놓게 된다. 고생대는 캄브리아기, 오르도비스기(Ordovician period), 실루리아기(Silurian period), 데본기(Devonian period), 석탄기(Carboniferous period), 페름기(Permian period)로 나뉜다.

지질학자들은 지구 대륙은 오랜 시간 동안 변화를 거듭하여 하나로 뭉쳤다가 여러 개로 분리되는 과정을 반복해 왔다고 설명하고 있다. 이때 변화의 시간 단위는 3~5억 년이다. 그 주기의 반 정도인 지금으로부터 약 2.5억 년 전에 마지막으로 대륙이 하나로 뭉쳤던 과정으로 하나의 대륙 '판게아(Pangaea)'가 형성되었다. 현재 이산화탄소 배출의 근원인 석탄이 많이 만들어진 직후였던 이 시기는 고생대가 끝나가는 페름기에 해당한다. 페름기에 지구 역사상 가장 큰 규모로 알려진 3차 대멸종이 있었다. 일명 '페름기 대멸종'이다.

판게아에서 대륙이 다시 분리되어 지금 지구본의 대륙과 해양의 모양이 나타난 것은 신생대 3기 후반부인 1천만 년 전 이내의 일이다. 이때는 5차 대멸종으로 공룡이 멸종한 뒤 포유류가 번성하기 시작한 때다. 인류의 조상 격인 영장류의 한 종이 아프리카에서 분화된 것은 약 600만 년 전으로, 현재 모습의 대륙 이동은 영장류의 진화와 함께하고 있는 셈이다.

우리가 기후변화를 이야기할 때 비교 대상으로 많이 삼는 빙하시대는 약 260만 년 전 시작된 신생대 4기의 기후변화 특징을 일컫는 용어이다. 더 오랜 시간을 거슬러 올라가면 더 많은 빙하시대가 있었던 것으로 알려져 있다. 현재까지 유물 발굴의 결과, 신생대 4기의 시작이 구석기 시대 시작 전후와 일치하는 것을 보여준다. 고고인류학의 대상이 등장하는 시기이다.

신생대 4기 빙하시대는 극 지역의 빙하가 확장하는 빙기(glacial period, 빙하시대)와 수축하는 간빙기(interglacial period)가 대략 10만 년 주기로 번갈아 이어졌으며, 얼음 시추 자료 분석 결과는 빙기 전체의 평균기온이 현재보다 낮은 것으로 나타나 빙하시대 전체를 빙하기로 부르기도 한다. 현생인류인 '호모 사피엔스 사피엔스(*Homo sapiens sapiens*)'의 출현은 약 4만 년 전으로 마지막 빙기를 지난 후에 나타났다.

지금은 마지막 빙기 이후 따뜻해진 간빙기에 해당한다. 아주 긴 시간 규모의 지구 역사 관점에서 보면 현재의 간빙기는 언젠가 빙기로 변화할 것임을 알 수 있다. 자연스러운 기후변화는 이처럼 긴 시간을 통해 이루어진다. 따라서 자연적인 변화라면 간빙기에서 빙기로 바뀌는 기간은 인류가 적응하는 데 충분히 긴 시간일 것이다. 그러나 지금처럼 인위적 원인에 의해 지구온난화가 빠르게 진행된다면 빙기로의 역전도 빨라져 인류가 적응할 기간이 매우 짧아질 가능성이 높다.

오래된 암석이나 지층 등 지질학적 특성, 화석, 퇴적물, 얼음, 종유석과 석순, 산호초, 나무의 나이테 등 모든 시간의 흔적을 남긴 것들은 고(古)기후학자들의 연구 재료다. 이렇게 고기후 연구에 사용되는 기후 구성 요소의 지시자를 '프록시(proxy)'라고 한다. 프록시 자료는 고(古)지구 환경 및 기후변화 상태와 이러한 환경에 생태계가 어떻게 적응했는지에 대한 정보를 제공해 준다. 지층, 나이테, 석순의 무늬가 눈에 보이는 지구의 일기장이라고 한다면, 극 지역 얼음과 심해 퇴적물은 기후변화 자료가 담긴 하드디스크라 할 수 있다. 이 하드디스크를 읽어내는 일반적 수단 중 하나는 동위원소 분석이다.

물질을 이루는 기본 구성 요소인 원자는 중심의 원자핵과 그 주위를 도는 전자로 이루어지며, 원자핵은 다시 양성자와 중성자로 구분할 수 있다. 동위원소는 원자에서 핵을 이루는 양성자 수는 같고 중성자 수가 다른 원소를 말한다. 이러한 원소들은 화학적 성질은 같고 물리적 성질이 다르다. 질량이 다르고 질량과 관련한 성질도 다르다.

수소에는 수소, 중수소와 삼중수소가 있고 중수소로 된 물은 중수라고 하며, 화학적으로 같은 액체이지만 일반적인 물보다 얼고 끓는 점 온도가 높다. 산소에도 여러 동위원소가 있다. 동위원소들의 질량이 달라 무거운 산소가 있고 가벼운 산소가 있다. 물이 증발할 때 가벼운 산소가 무거운 산소보다 증발이 더 잘되기 때문에 온도가 낮아지면 가벼운 산소에 비해 무거운 산소의 증발량이 더 적다. 이에 따라 대기와 해양 내에서 무거운 산소의 양과 가벼운 산소의 양이 달라지고 이들의 비율에서 온도 정보를 얻을 수 있다. 동위원소의 성질은 비나 얼음 속에도 고스란히 간직하고 있어 무거운 산소의 양과 가벼운 산소의 양의 비율은 대기와 얼음이 같고, 해양과 해저 퇴적물이 같다.

해저 퇴적물에는 과거에 살았던 동식물의 흔적도 남아 있으며, 그중 유공충(有孔蟲, Foraminifera: 아베마형 원생동물) 자료는 가장 대표적인 프록시로 활용되고 있다. 또한 식물이 광합성을 할 때는 무거운 산소를 먼저 흡수하고, 동물이 호흡할 때는 가벼운 산소를 먼저 사용한다는 점도 고(古)기후 환경의 온도, 생물 환경 특성, 해수면 변화 및 해양-대기 가스교환과 같은 정보를 얻는 배경이 된다.

고기후 연구에서 기후 변수 시계열 자료의 핵심적인 두 축은 남극대륙과 그린란드의 빙하 코어(core)와 대양에서 얻은 해저 시추 시료다. 시계열 자료란 시간에 따라 일정한 간격으로 기록된 자료를 말한다. 사람의 심장이 일정한 시간 동안 뛰는 것을 기록한 심전도 기록도 시계열 자료이고, 시간에 따라 변하는 주식 가격을 기록한 종합주가지수도 시계열 자료다.

남극대륙에서 빙하를 뚫어 원기둥 모양의 빙하 코어를 얻는 시추 작업은 러시아가 1970년부터 시작했다. 기상관측기지 보스토크(Vostok) 기지에서 시추가 여러 차례 집중되었는데, 1989년부터 2007년까지 18년간 시추

한 자료를 통해 지금부터 42만 년 전에 이르는 기후 변수 자료를 확보하게 되었다. 유럽 빙하시추협의체(European Project for Ice Coring in Antarctica, EPICA)가 시추한 동남극 대륙 'Dome C(Dome은 남극 고원을 가로지르는 매우 평평한 눈 정상을 뜻함)' 자료는 고기후 기록을 80만 년 전까지 확장해 주었다. 그밖에 일본과 미국 등도 수십만 년 전까지의 자료를 확보하고 있다. 그린란드의 빙하 시추는 현재까지 약 12만 년 전까지의 자료를 확보 중이다. 앞으로 빙하 시추가 계속되면 고기후 변화를 풀 수 있는 자료가 계속 늘어날 것이다.

바다 밑 해저를 뚫어 자료를 얻는 해저 시추는 국제 해양시추프로그램(Deep Sea Drilling Program, DSDP; Ocean Drilling Program, ODP; International Ocean Discovery Program, IODP)을 통해 수행하고 있다. 바다 밑바닥을 뚫어 얻는 시추 시료는 지구 내부 운동의 역사, 과정 및 구조 연구의 핵심 자료가 된다. 기후변화와 관련하여 현재 이 자료를 바탕으로 과거 1억 년 전까지의 해수면 변화를 재구성하는 성과를 거두고 있다.

빙하와 해저 퇴적물 시추 시료의 분석 결과는 모두 과거 80만 년 동안 약 여덟 번의 빙기-간빙기 변화가 있었다는 것을 보여준다. 대기 중 이산화탄소 농도와 온도는 높낮이가 같은 형태로 변했다. 극 지역의 대기 중 먼지 변화와 평균 해수면 변화도 마찬가지였다. 대기 중 먼지가 많았을 때 해수면도 높았다는 의미다. 극 지역의 빙하 시추 자료와 대양의 심해저 퇴적물 속의 유공충 껍질로부터 분석한 자료 사이에 상관성이 매우 높은 것은 빙하시대 기후변화가 전 지구적으로 동시에 진행되었음을 의미한다.

대부분 기간에 전 지구 평균 해수면은 지금보다 낮았으며 120미터 이상 낮았던 빙기도 여러 번 있었다. 한반도와 일본이 연결되었던 것은 지금부터 약 37만 년 전의 빙기이고, 황해가 육지였던 때는 마지막 빙기가 끝나갈 때인 지금부터 불과 21,000년 전이다. 대기 중 이산화탄소 농도는 빙기와 간빙기에 각각 180ppm 및 280ppm 사이의 변화를 보여주었다. 높은 이산화탄소 농도는 항상 따뜻한 기온, 높은 해수면 및 작은 얼음 부피와 관련이 있다. 이는 탄소 순환이 기후변화와 밀접하게 연결되어 있고, 기후에서 이산화탄소 농도가 중요함을 말해준다. 즉, 이산화탄소가 지구온난화의 중요한 강제력으로 작용한다는 점이다.

빙기-간빙기의 온도 변화 폭은 지역에 따라 다르게 나타났다. 남극대륙에서는 기온의 최대 상승과 하강이

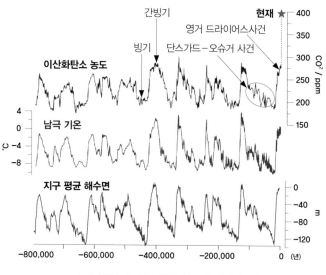

◆ 과거 80만 년 기온, 이산화탄소, 해수면 변화 그래프
(출처: Schmittner (2018) 및 NIWA Website)

각각 약 섭씨 4도와 섭씨 −8도로 대략 8~12도 변화 폭이 나타난 것에 비해 전 지구의 평균 변화 폭은 4~7도였다. 시추 자료가 많은 마지막 빙기의 온도 자료는 온도 하강의 수치가 열대 및 아열대 해양의 섭씨 2도, 열대 육지에서는 섭씨 3도, 그리고 고위도 육지와 남극대륙에서는 섭씨 8도로 지역별 차이가 매우 컸다. 이러한 지구온난화 또는 한랭화에서 육지−해양 대비(land-sea contrast)와 극증폭(polar amplification)은 지금 진행 중인 기후변화에서 나타난 사실과 비슷하다. 온도 변화의 육지−해양 대비와

극 증폭은 지구 기후시스템의 강력한 특성이라는 점을 확인해 준다. 빙하시대에도 해양은 기후변화 속도의 조절자였을 것이다.

그런데 특이한 점은, 어떤 경우에는 온도 변화가 먼저 일어나고 이산화탄소 변화가 뒤따른 것으로 나타난다는 사실이다. 기후변화가 탄소 순환에 영향을 미쳐 이산화탄소 농도 변화를 일으키는 것을 보여주는 것이다. 지금의 이산화탄소 농도 증가가 먼저 나타나고 지구온난화가 뒤따르는 것과는 반대 양상이다. 이 사실은 한때 기후변화를 믿지 않는 기후 회의론자들이 내세우는 자료였다. 그러나 기후학자들의 반격을 받게 된다.

이산화탄소는 차가운 물에 더 잘 녹기 때문에 간빙기에서 빙기로 바뀌면 해양은 대기로부터 이산화탄소를 추가로 흡수하게 되어 대기 중 이산화탄소가 낮아진다. 온도가 먼저 낮아지고 대기 중 이산화탄소 농도 감소가 뒤따르는 이유다. 빙기에서 간빙기로 전환할 때도 마찬가지다.

이를 설명하는 다른 가설도 제시되었다. 얼음 시추 시료에서 분석한 대기 중 먼지 농도 자료를 보면 빙기에는 먼지가 증가한다. 빙기에 추워지면 대기는 더 건조하고 바람이 강해져 먼지 발생이 늘어나기 때문이다. 먼지에 포함된 육상 근원의 철분이 해양 표면으로 전달되어 식물플랑크톤이 증식하고, 이어서 식물플랑크톤에 의한 이산화탄소 흡수가 증가한다. 이른바 '철(Fe) 가설'이다. 이는 해양과 대기 사이의 탄소 순환에 영향을 주어 이산화탄소 농도는 대기에서는 낮아지고 해양에서는 높아지게 된다. 온도 변화 후에 이산화탄소 농도 변화가 나타난 것이다.

그렇다면 빙하기와 간빙기가 주기적으로 변한 원인은 무엇이었을까? 이때는 인간이 없었으므로 기후변화에 자연적인 원인만 작동한다. 빙하시대 80만 년 동안 빙기-간빙기 변화가 약 여덟 번 반복했다는 점에 실마리가 있다. 빙기-간빙기 순환에 특정한 주기가 있고, 이 변화는 태양 복사의 계절적 분포에 영향을 주는 지구의 궤도운동 변화에서 기인한다는 것이 첫 번째 가설이다. 이른바 '밀란코비치의 궤도 강제력 이론'이다.

지구의 궤도운동은 세 가지 변수로 설명할 수 있다. 공전궤도의 이심률(eccentricity), 자전축의 기울기(obliquity) 및 자전축의 방향(precession)이다. 이심률은 지구 공전궤도가 원형에서 타원형으로 얼마나 바뀌었는가를 나타낸 수치다. 지구 공전궤도 이심률은 약 십만 년 주기로 변한다. 궤도 위의 위치에 따라 지구와 태양 사이의 거리가 변하며 이

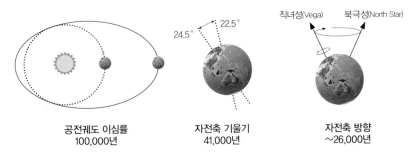

공전궤도 이심률
100,000년

자전축 기울기
41,000년

자전축 방향
~26,000년

◆ 밀란코비치 주기(자료: Wikipedia)

변화는 태양 복사 에너지의 공급량에 바로 영향을 준다.

현재 지구 공전궤도면에서 약 23.5도로 기울어져 있
는 지구의 자전축은 22.1~24.5도 사이에서 약 41,000년
주기로 변한다. 자전축 기울기는 지구 계절 변화의 원인
이다. 자전축의 기울기가 없이 공전궤도에 수직이라면 태
양고도가 제일 높은 곳은 항상 적도가 되고, 자전축 기울
기가 클수록 지구상의 계절 변화 폭이 커지고 더욱 뚜렷
해진다.

지구의 자전축은 팽이의 흔들림처럼 회전축이 방향
을 바꾸어 원뿔 형태를 만들면서 약 26,000년을 주기로
회전한다. 즉, 기울어진 지구 자전축의 방향이 변하는 데
이를 세차운동이라 한다. 세차운동은 북반구와 남반구
가 각각 '더 더운 여름과 더 추운 겨울' 및 '덜 더운 여름
과 덜 추운 겨울' 상태를 바꾸는 변화를 가져온다. 이러

한 지구 공전과 자전 운동의 변화는 태양 복사 에너지 흡수량의 변화를 가져오고 각 운동의 진행 과정에서 다양한 주기의 기후변화를 일으키게 된다.

이 변수들은 서로 다른 주기로 작동하기 때문에 특정 위치에서 일사량 증가와 감소를 상쇄 또는 증폭시키는 방식으로 상호 작용하며 기후에 영향을 미치게 된다. 빙하시대 빙기-간빙기의 평균 순환 주기는 약 십만 년으로, 지구 공전궤도 이심률의 변화가 빙하시대 기후변화의 요인일 가능성이 있는 것이다. 심해 산소 동위원소 자료의 스펙트럼 분석 결과에서 궤도 강제력 이론으로 예측된 모든 주기성이 확인된 바 있다. 지구 궤도운동이 기후변화 진폭의 크기를 결정하지는 않았더라도 빙하기와 간빙기의 주기적 변동을 가져오는 방아쇠를 당겼을 가능성이 매우 높다.

극 지역의 얼음과 눈이 태양 에너지를 반사해 지구 기온이 떨어졌다는 가설이 빙기 원인으로 제기되었다. 그러나 이 얼음-태양 복사 되먹임(feedback)은 빙기 원인을 충분히 설명하지 못한다는 지적을 받아왔다. 이를 보완하는 것의 하나가 '먼지-태양 복사 되먹임' 가설이다. 앞서 설명한 바와 같이 빙기-간빙기 특성의 하나는 빙기에 먼지가 증가한다는 점이다.

한국해양과학기술원 연구팀은 25,000년 전 빙기와 5,000년 전 간빙기의 빙하와 퇴적물을 분석하여 빙기의 먼지 농도가 간빙기에 비해 25배 정도 높고, 극 지역에서 온도 변화와 먼지 변화가 비례 관계임을 확인했다. 아울러 빙기 초기의 낮은 기온과 먼지의 양은 서로 영향을 주고받으며 지구의 기온을 떨어뜨렸을 것으로 추정했다. 빙기에는 대기가 건조하고 바람이 강해져 먼지의 양이 늘고, 늘어난 먼지는 태양 복사 에너지를 차단해 기온을 더욱 떨어뜨렸을 극 증폭 과정을 제시했다.

빙하시대 빙기와 간빙기 지속 기간의 비대칭성은 아직 풀리지 않은 수수께끼다. 빙기의 기간은 간빙기의 기간보다 대략 7~9배 길다. 빙기에서 간빙기의 전환은 급하게 일어나고, 간빙기에서 빙기의 전환은 느리게 진행되는 특징이 있다. 빙하시대 마지막 빙기는 10만 년 정도 진행되었으나 지금의 간빙기로 바뀌는 데는 수천 년밖에 걸리지 않았다. 이런 갑작스러운 기후변화 원인으로 해양의 역할이 제기되었다. 빙기가 진행되는 동안 심해에 갇혀 있던 높은 농도의 이산화탄소가 공기 중으로 대량 방출되면서 마지막 빙기가 빠르게 끝났다는 것이다.

대기 중 이산화탄소 농도는 마지막 빙기가 절정이었

을 시기에 185ppm 정도였으나 마지막 빙기가 끝나가는 약 7천 년 동안 100ppm이나 높아져 280ppm까지 되었다. 수만 년 동안 큰 변화가 없던 대기 중 이산화탄소 농도가 갑자기 크게 높아진 것이다. 이 급격한 변화의 원인으로 남반구 해양 심층에 포함된 이산화탄소가 남대서양과 적도 동태평양의 강한 용승류에 실려 표면으로 올라온 뒤 대기로 방출된 것으로 보았다. 이때는 기온의 상승이 이산화탄소 변화보다 뒤에 일어났기 때문에 해양에서 방출된 이산화탄소가 지구온난화를 일으켰다고 설명할 수 있다. 빙기와 간빙기 지속 기간의 비대칭성의 근본적인 배경에는 대기보다 큰 해양의 이산화탄소 저장 능력과 해양의 운동이 숨어 있다.

앞에서 빙기-간빙기의 80만 년 이후 빙하시대를 설명할 때 주기는 대략 십만 년이었다. 그린란드 빙하 코어 자료에서 마지막 빙기(Last glacial period, 지금부터 약 110,000년 전부터 15,000년 전까지)를 보면 그 안에 고기후학자 윌리 단스가드(Willi Dansgaard)와 한스 오슈거(Hans Oeschger)의 이름을 딴 '단스가드-오슈거(Dansgaard-Oeschger, D-O) 사건'이라고 하는 기후변화가 25번 정도 반복되었다. 아직도 불확실하지만 주기는 빙하시대의 변화 주기보다 훨씬 짧은 약 1,500년 정도다. 이 변화에서도 일반적으로 급속한 온난화 후 수백 년에 걸친 점진적인 한랭화가 진행되는 형태를 보여준다.

D-O 사건 발생은 태양 강제력의 증폭 또는 빙상 불안정성 및 해양 순환의 진동과 같은 기후시스템 내부 원인에 의한 것으로 본다. D-O 사건은 북대서양 순환의 변화에 따라 일어났을 가능성이 크다는 뜻이다. 마지막 빙기 이후인 현재 간빙기만을 보면, 주기가 더 짧고 변화 폭이 작은 기후변화가 있었음을 알 수 있다. 바로 중세 온난기와 소빙기다. 중세 시대 중 950년부터 1300년까지 유럽은 더운 여름과 온화한 겨울이 계속되어 중세 온난기라 하고, 1400년부터 1850년 산업화 직전까지는 현재보다 온도가 낮아 소빙기라고 한다. 이러한 시기 변화는 흑점 수의 변화와 같은 태양 활동과 화산 활동의 강약을 연결하여 설명한다.

두 시기 모두 북대서양의 순환과 관련되었다는 증거들이 제시되고 있다. 기후변화 주기의 규모와 상관없이 해양은 언제나 기후변화의 배경이었다. 이 기후변화는 인류 문명의 성쇠와 연결되어 있으며 나무 나이테, 동굴 석순이나 얼음 코어와 같은 자연적 프록시 자료뿐만 아니라 그림이나 역사 문서 등 여러 기록에서도 증명되고 있다.

7 미래 전망

요행 없는 자연의 법칙을 따라서

기후변화와 예측을 위한 모델을 '기후모델(Climate model)'이라고 한다. 연구자들 대부분은 초기에 일반적인 지구기후모델(Global Climate Model)을 개발하여 사용해 왔으며 지금은 훨씬 정교한 지구시스템모델(Earth System Model)을 사용하는 것이 일반적인 추세다. 지구시스템모델은 기권, 지권, 수권 및 생물권으로 구성된 지구시스템의 권역별 변화와 권역 사이의 상호작용뿐만 아니라 강제력에 대한 모든 기후시스템 작동을 포함한다.

간단한 기후모델인 대기-해양-해빙 접합 모델에서는 주로 대기와 해양의 물리적 작동만을 고려하는 데 비해 지구시스템모델은 물리, 화학 및 생물학적 과정이 포함되어 훨씬 복잡하고 포괄적이다. 예를 들면, 기후모델은 해양 생지화학적 과정이나 육지 생물권의 광합성 과정을 포함하지 않으나 지구시스템모델은 육지와 해양의 생지화학적 구성 요소와 물리적 반응 및 상호작용을 고려한다.

기후모델은 온실가스와 같은 구성 요소를 미리 결정하여 사용하지만 지구시스템모델은 인간이 만든 원인까지 포함하여 변화하는 기후 조건에 대하여 지구시스템 권역이 시간의 흐름에 따라 어떻게 반응하는지 모의할 수 있다. 따라서 지구시스템모델을 이용하면 온실가스 배출과 같이 인간 활동에 의한 기후변화 영향과 자연적 변화를 분리하여 분석할 수 있다.

지구시스템모델은 해양과 대기의 운동, 열역학을 설명하는 방정식, 그리고 이러한 기후의 물리법칙에 생물과 물질이 영향을 미치는 과정을 표현하는 방정식으로 구성된다. 이를 풀기 위해서는 컴퓨터를 이용한 계산이 필요하므로, 전 지구의 해양과 대기를 3차원 격자로 나눈

◆ 지구시스템모델(출처: 한국해양과학기술원 KIOST 블로그)

다. 그다음 정해진 모든 공간 위치에서 모델에 구성된 이 식들을 푸는 것이다. 기후변화를 예측하기 위해서는 지 구시스템모델에 그 원인으로 판단되는 온실가스 농도 등 기후변화에 미치는 변수의 자료를 입력하여 구성 요소들 의 변화를 계산하게 된다.

현재 진행 중인 기후변화 주요 원인은 대기에 배출되 는 이산화탄소 등 온실가스 농도의 증가다. 따라서 미래 의 새로운 온실가스 배출은 미래에 추가적인 온난화를 일 으킬 것이다. 총 온난화 정도는 과거에 배출되어 누적된 양과 미래에 온실가스가 배출될 양을 합한 총배출량으로 결정된다. 과거의 온실가스 배출량은 관측 자료에서 알 수 있지만 미래의 인위적인 배출량은 알 수 없는 변수다. 따라서 기후변화 예측을 위해 기후모델이나 지구시스템모델을 사용할 때 이산화탄소 배출량의 시나리오가 필요하다.

　IPCC에서는 IPCC 보고서 작성에 필요한 미래 변화 예측을 위하여 기후모델 연구자들에게 인위적인 기후변화 요인들의 예상 가능한 미래 전망 범위를 다룬 이산화탄소 배출 시나리오를 제시하고 있다. IPCC 6차 보고서는 다섯 가지의 구체적인 이산화탄소 배출 시나리오가 고려되었다. 이 시나리오는 온실가스 배출을 '매우 낮은', '낮은', '중간', '높은', '매우 높은' 경우를 가정했다.

　'매우 낮은'의 경우와 '낮은'의 경우는 이산화탄소 배출량이 2050년 또는 그 이후에 배출량과 소비량이 같아지는 넷-제로(net zero)까지 감소한 후 다양한 수준으로 순 음(-)의 이산화탄소 배출을 달성하는 시나리오다. '중간' 온실가스 배출 시나리오는 이산화탄소 배출량이 현재 수준으로 유지되는 것이고, '높은'의 경우는 현재와 같은 속도로 이산화탄소 배출량이 계속 증가하는 것이다. '매우 높은' 경우는 2100년과 2050년까지 이산화탄소 배출량이 현재 수준의 두 배로 증가하는 시나리오에 해당한다.

대기 중 이산화탄소 배출이 높으면 이산화탄소 배출이 낮은 경우에 비해 육지 및 해양에서 더 많은 이산화탄소를 흡수할 것이다. 그러나 해양이 이산화탄소를 저장할 수 있는 총량은 정해져 있으므로 흡수 효과는 시간이 지나갈수록 낮아질 것을 예상할 수 있다. 배출된 이산화탄소가 대기 중에 더욱 누적됨에 따라 해양이 흡수하는 배출량의 비율이 낮아질 것이다. 그 결과 배출된 이산화탄소 중에서 대기 중에 남아 있는 이산화탄소 비율이 더 높아질 것으로 전망된다. 이산화탄소 배출이 현재와 같은 형태로 계속된다면 이산화탄소 배출량-기후변화의 양의 되먹임이 작동한다. 기후조절자로서 해양의 힘이 약해지는 것이다.

IPCC 6차 보고서에 제시된 미래 기후전망은 세계 기후연구 프로그램(World Climate Research Programme, WCRP)의 결합모델 상호비교 프로젝트 6단계(Coupled Model Intercomparison Project Phase 6, CMIP6)에 참여한 기후모델들의 모의 결과를 종합 평가한 것이다. 우리나라는 국립기상과학원, 한국해양과학기술원 및 서울대 연구팀에서 3개의 모델이 참여했다. IPCC 6차 보고서의 미래 기후전망을 요약하면 다음과 같다.

- 지구 표면온도는 적어도 21세기 중반까지 계속 상승할 것이다. 이는 어떤 온실가스 배출 시나리오를 적용해도 마찬가지다. 앞으로 몇십 년 동안 이산화탄소와 기타 온실가스 배출량을 대폭 감소하지 않으면 21세기에 지구온난화 수준은 1850~1900년 대비 섭씨 1.5도와 섭씨 2도를 넘게 될 것이다. '중간' 배출 시나리오에서 기온 상승이 섭씨 2도를 초과할 가능성이 매우 크고, 이산화탄소 배출이 현재와 비율로 계속 증가하는 '높은' 배출 시나리오에서는 섭씨 3.6도의 기온 상승이 전망되기 때문이다. 또한 '중간', '높은' 그리고 '매우 높은' 배출 시나리오에 따라 21세기 중에 섭씨 1.5도 지구온난화 수준을 초과할 것이다. 모든 시나리오에서 단기(2021~2040년)에 평균온도 상승 폭의 최적 추정치를 섭씨 1.5도로 전망했다.
- 북극의 지구온난화 속도는 여전히 전 지구 평균보다 두 배 이상 빠른 속도를 보이고, 북극이 전 지구 표면온도보다 더 온난해질 것이 거의 확실하다.
- 지구온난화 심화와 직접 연관되어 기후시스템의 변화는 더욱 커질 것이다. 극한 고온과 해양 고수온,

호우 빈도와 강도 증가, 일부 지역의 농업 가뭄 및 식생 가뭄 증가, 강한 열대성저기압 비율의 증가, 북극해 해빙과 적설 면적 및 영구동토층(permafrost, 땅속 온도가 2년 이상 어는 점 이하로 계속 유지되는 토양층으로, 지구 표면의 약 11퍼센트가 영구동토층으로 덮여 있다) 감소 등이 이러한 변화에 해당한다. 이러한 극한 현상은 지구온난화 수준이 커질수록 더 심해진다. 지구온난화가 추가로 진행되는 경우 섭씨 1.5도 상승 수준에서조차 관측 역사상 전례 없는 극한 기상이 더 자주 발생한다는 뜻이다. 드문 극한 현상의 경우 발생 비율 변화가 더 클 것으로 전망된다.

• 해양 표면은 육지 표면보다 온난화 수준이 낮겠지만 산업혁명 이후 배출된 과거의 온실가스 때문에 해양 온난화가 계속될 것이다. 이에 더하여 이산화탄소 배출량이 지금과 같은 수준으로 계속 증가한다면 21세기 말까지 진행될 해양 온난화는 1971~2018년의 변화보다 2~4배 빠를 가능성이 크다. 이러한 해양 온난화는 해양 표층의 해수 밀도를 낮추기 때문에 그 아래 깊은 곳의 해수와 밀도 차이가 더욱 커지게 하는 요인이 된다. 수심에 따라

밀도로 구분되는 층이 뚜렷해지는 것이다. 또한 해양 산성화와 해양 저산소화는 미래 온실가스 배출량의 크기에 따라 다양한 속도로 21세기 내내 늘어날 것이다.

• 극 지역과 산악의 빙하가 수십 년 또는 수백 년 동안 계속 감소할 것이다. 그린란드 빙상은 21세기 동안 계속 감소하고 온실가스 배출량이 누적될수록 총 얼음 손실이 증가할 것으로 전망된다. 남극 빙상, 특히 동남극 빙상은 높은 온실가스 배출 시나리오에서도 수 세기 동안 얼음 손실이 크게 증가할 가능성은 낮은 반면, 심각한 영향을 초래하는 결과에 대해서는 제한적인 증거만 있다. 남극 빙상의 손실 전망에 대해서는 불확실성이 높다는 의미다.

• 해양 온난화와 빙상 감소에 따라 전 지구 평균 해수면은 21세기 내내 상승할 것이 거의 확실하다. 1995~2014년 대비 21세기 말 지구 평균 해수면은 '매우 낮은' 온실가스 배출 시나리오에서는 0.28~0.55미터, 온실가스 배출량이 현 수준으로 일정한 '중간' 배출 시나리오에서는 0.44~0.76미터, '매우 높은' 배출 시나리오에서는 0.63~1.01미

터 상승할 것이다. 빙상의 변화는 그 과정에 대한 불확실성이 크기 때문에 지구 평균 해수면이 가능성 있는 범위를 넘어서서 '매우 높은' 온실가스 배출 시나리오에서 전망한 정도인 2100년까지 2미터, 2150년까지 5미터 상승한다는 가능성도 있다.

• 과거와 미래의 온실가스 배출로 인한 해양 온난화, 해수면 변화, 해양 산성화 등은 앞으로 수백에서 수천 년 동안 돌이키기 어려운 변화들이다. 예를 들면, 해양 온난화는 주로 상층에서 진행되었는데 앞으로 심해 온난화가 발생하고 계속하여 빙상이 녹으면 해수면은 수백 년에서 수천 년 동안 장기적으로 상승할 것이 분명하며, 수천 년 동안 상승한 상태를 유지할 것이다. 앞으로 2천 년 동안 지구 평균 해수면은 섭씨 1.5도와 2도의 온난화 수준을 유지할 경우에라도 각각 약 2~3미터 및 19~22미터 상승할 것이며, 그 이후 수천 년 동안 계속 상승할 것이다.

「한국 기후변화 평가보고서 2020」에서는 우리나라 해양 변화를 다음과 같이 전망하고 있다. 우리나라 주변 해역의 표층 수온은 2100년에는 현재 대비 약 섭씨 2~6도까지 상승할 섯이며, 해역별로는 동해 중부의 북쪽 및 황해 북부 해역을 중심으로 수온 상승이 높을 것이다. 이는 우리나라 주변 해역의 표층 수온 변화가 전 지구 평균보다 훨씬 높은 수준으로 진행되었던 경향이 미래에도 지속될 것임을 뜻한다. 이러한 수온 상승이 계속된다면 미래 해양 환경에서는 성층 강화 등으로 영양염 공급과 일차생산이 감소하여 적조 발생 해역이 점차 넓어질 것이다. 이상 고수온 현상은 발생 빈도, 기간, 공간적 범위, 그 강도(强度) 등이 미래 지구온난화 상황에서 더욱 늘어날 것이다.

미래 해수면 상승은 전 지구 평균 해수면 상승 전망과 비슷할 것으로 예상된다. 해역별로 남해의 해수면 상승이 상대적으로 크고, 황해에서 상대적으로 가장 낮을 것으로 예측되었다. 지구온난화가 진행되는 동안 동해는 대기 중의 이산화탄소를 계속 흡수하는 역할을 하여 표층 바닷물의 pH는 계속 감소할 것이다. 즉, 해양 산성화가 지속되는 것이다. 해양에서 산소 역시 물리적 영향 및 생지화학적 영향에 의해 급격하게 감소할 것으로 예상된다. 해양의 성층 강화와 수직 혼합 약화로 표층 부근의 영양염과 일차생산이 감소하고, 이는 생물 생체량과 종 다양성 감소로 이어질 것이다.

8 섭씨 1.5도와 2도

시급한 기후변화의 방어선

기후변화 대응에 조금이라도 관심이 있는 사람들에게 섭씨 1.5도와 2도는 이제 식상한 용어가 되었다. 그렇더라도 그 의미를 물으면 머뭇거린다. 2015년에 합의한 「파리협정」은 산업혁명 이전 대비 2100년의 지구 평균기온 상승 폭을 섭씨 2도 이내로 유지하고 1.5도 이하로 제한하자는 것이었다. 이에 따라 「지구온난화 1.5 °C 특별보고서」를 2018년 인천 송도에서 개최된 IPCC 총회에서 채택하여 2030년까지 이산화탄소 배출량을 현재의 절반 이하로 낮출 필요가 있음을 제시했다.

기온 섭씨 1.5도와 2도 차이는 0.5라는 작은 숫자에 불과하다. 하지만 전문가들은 이 영향은 기후변화 대응에 감내해야 할 고통 정도에서는 비교할 수 없는 큰 차이가 있을 것으로 전망하고 있다. 왜 1.5도이고 2도일까? 이 수치에 특별한 의미가 있는 것일까? IPCC 보고서를 살펴보면 평균기온 상승 폭이 섭씨 1.5도와 2도일 때 예상되는 영향의 규모에 그 답이 제시되어 있다.

- 현재 온난화 속도가 가장 큰 북극해에서 전 지구 평균온도 상승 폭이 섭씨 1.5도일 경우 여름철 얼음은 100년에 한 번 정도 모두 사라지고, 섭씨 2도일 경우에는 10년에 한 번 정도 사라져 얼음 없는 여름의 발생 빈도가 섭씨 1.5도일 경우보다 10배 증가한다.
- 저위도 산호초 감소율은 섭씨 1.5도 상승일 경우와 2도일 상승일 경우에 각각 70~90퍼센트 및 99퍼센트로, 어느 경우든 산호초 소멸의 전환점에 이른다고 할 수 있다. 이 전환점에 이르면 산호초의 소

멸을 막을 수 없다는 뜻이다. 북극해 얼음 유실과 산호초 소멸은 회복 불가능한 해양 생태계의 변화를 가져올 것이다.

- 전 지구 해수면은 1.5도와 2도 상승하면 2100년에 1986~2005년 대비 각각 약 26~77센티미터와 36~87센티미터 상승할 것이다. 이러한 해수면 상승으로 거주지 피해를 받을 인구수는 각각 3,100~6,900만 명과 3,200~8,000만 명으로 추정된다.

- IPCC 보고서에서 인용한 한 모델 결과에 따르면 세계 수산업의 연간 어획량은 섭씨 1.5도 상승하면 약 150만 톤 감소하고, 2도 상승하면 감소량은 2배인 300만 톤이 될 것으로 예상했다.

- 세계기상기구에 따르면, 일일 최고기온이 평균 최고기온보다 5도 이상 높은 날이 5일 이상 지속되면 '열파(heat wave)'로 정의한다. 극한 폭염과 같은 의미다. 최근 극한 폭염은 지구 곳곳에서 발생 빈도가 높아지고 있다. 미래에 지구 기온이 1.5도 상승할 경우, 2100년에 우리나라가 포함된 중위도 지역에서 극한 폭염이 발생할 때의 기온은 산업혁명 이

전보다 3도 높을 것으로 예측되고, 2도가 상승하면 4도 높을 것으로 예상된다. 이에 따라 1.5도 상승하면 전 세계 인구 약 14퍼센트가 5년에 한 번씩 극한 폭염을 겪고, 2도 상승할 경우에는 2배 이상의 인구인 약 37퍼센트가 더 자주 극한 폭염을 겪게 될 것이다.

• 가뭄을 포함하여 물 부족을 겪게 될 인구수는 1.5도와 2도 상승할 경우에 각각 3.5억 명과 4.2억 명이 된다.

• 육상 생태계 등에 미치는 영향은 다음의 표와 같다.

〈표〉 1.5℃ 상승과 2℃ 상승의 영향 차이

구분	1.5℃ 상승	2℃ 상승	0.5℃ 차이로 더 악화되는 정도
활동 범위의 절반 이상을 상실한 곤충	6%	18%	3배
활동 범위의 절반 이상을 상실한 식물	8%	16%	2배
활동 범위의 절반 이상을 상실한 척추동물	4%	8%	2배
생태계가 새로운 곳으로 이동할 지구의 육지 면적	7%	13%	1.86배
열대 지방의 옥수수 수확량 감소	3%	7%	2.3배

이상의 예를 든 것처럼 기온 상승 폭이 2도는 1.5도와 비교하여 불과 0.5도 차이이지만 자연 상태, 생태계와 인

간이 직접 겪는 피해까지의 정도는 두 배 이상이 된다.

기후변화 대응 목표 설정에 고려해야 할 또 하나의 사실은 전 지구의 기온 상승과 이에 따른 영향 크기가 지역적으로 고르지 않고 편차가 있다는 점이다.

지구 평균기온이 2도 상승하면 육지는 이보다 2~3배 더 따뜻해질 수 있다. 대기 중 열이 해양으로 흡수되거나 물의 증발로 열을 잃은 해양의 표면온도가 육지의 표면온도보다 낮아지기 때문이다. 북극은 여전히 온난화 경향이 커서 북극해 상공은 8도 정도로 최대 네 배 더 따뜻해질 수 있다. 해수면 상승도 태평양의 중위도 서쪽에서는 전 해양 평균 상승 폭보다 두 배 이상 될 것으로 전망하고 있다.

이러한 기후변화의 결과의 편차는 전 세계의 특정 지역과 특정 인구에 선택적으로 피해를 더해 줄 것이다. 대양의 작은 섬나라와 아프리카의 가난한 나라, 북극해 주변, 건조 지역, 일부 토착민, 농업이나 해안 자원에 생계를 의존하는 소규모 집단의 사람들 등이다. 기온 상승 폭을 1.5도로 제한하면 기후변화 위험에 노출되어 빈곤을 초래하는 전 세계 인구수가 2.0도 상승에 비해 수억 명이 줄어들 수 있다.

시구 평균기온 상승 폭을 1.5도와 2도로 제한하고자 하는 이유를 다른 각도에서 설명할 수 있는 용어로 '기후 티핑 포인트(Cimate Tipping Point)'가 있다. 티핑 포인트란 한 시스템의 평형 상태에서 되돌릴 수 없는 다른 평형 상태로 바뀌게 되는 임계점을 의미한다. 예를 들면, 용수철에 가하는 힘이 어느 크기를 넘어서면 탄성을 잃어 용수철 기능을 상실하는 시점, 젠가 게임에서 탑이 무너지게 되는 순간의 급변점이다.

기후시스템에서 어떤 현상의 변화가 티핑 포인트에 다다르면 기후변화 가속도가 증폭되거나 전혀 새로운 기후 상태로 바뀌게 된다. 이 상태에서는 인위적 원인에 의한 지구온난화가 아닌 자연적 과정만으로도 온난화가 계속될 수 있다. 지구시스템에서 이러한 상황을 가져오는 요소들을 기후변화의 '티핑 요소(Tipping Element)'라고 하며 지구상에 여러 가지 티핑 요소가 있다고 알려져 있다. 기존 연구들에서는 10개 이상의 티핑 요소가 제시되었으며 시간이 지남에 따라 티핑 요소가 늘어나고 있다.

대표적인 티핑 요소에는 북극해 해빙이 사라지는 것, 북반구의 영구동토층이 녹아내리는 것, 그린란드의 빙상이 줄어드는 것, 래브라도(Labrador)-이르밍거(Irminger)해의 심층수 형성 붕괴, 대서양 표층 및 심층 순환 약화, 서남극 빙상 감소, 저위도 산호초 소멸, 사하라 사막의 강수량 증가에 따른 식물 서식지 확장, 아마존 열대우림 축소 등을 든다. 이러한 티핑 요소를 보면 육상과 대기 현상보다 얼음과 해양에 관련된 현상들이 훨씬 많다. 그만큼 해양 관련 현상이 기후변화의 핵심 요소의 주를 이룬다는 뜻이다.

바다 위 얼음은 태양 복사열을 대기로 반사하여 바다에 열이 흡수되는 것을 차단하는 역할을 한다. 만일 얼음 일부가 녹아 바닷물이 대기에 노출되면 태양 복사열은 해양에 바로 흡수된다. 그 결과 해수의 온도가 올라가면 얼음이 더 녹아 대기에 노출되는 해수면이 늘어나고 더 많은 태양 복사열이 해양에 흡수된다. 이러한 과정이 반복되면 해빙 감소와, 수온과 기온의 증가 속도가 계속 높아지는 결과를 가져온다. 이렇게 한 방향으로 변화가 되풀이되는 과정을 기후 되먹임(feedback) 현상이라 하고, 온난화 속도를 증폭하는 결과를 가져오면 '기후 양(+)의 되먹임(Positive Climate Feedback)'이라고 한다. 일반적으로 음(-)의 되먹임은 변화 후 원상태로 복귀하는 과정으로 나타나고,

양의 되먹임은 한 방향 변화의 증폭으로 나타난다.

　배가 고파 음식을 섭취하고 섭취 후 배가 불러 먹는 것을 멈추면 뇌에서 음의 피드백이 작동한 것이고, 먹을수록 입맛이 생겨 계속 더 먹게 되면 양의 피드백이 작동한 것이다. 북극해 해빙 감소는 얼음 반사 되먹임으로 표현하며 여름이면 얼음 반사 되먹임으로 온난화가 증폭된다. 이에 따라 북극해 대기 온도는 지구 전체 평균보다 네 배까지 크게 상승 중이며, 기후학자들은 이를 북극 증폭(Arctic Amplification)이라고 표현한다.

　온난화가 계속되면 기온이 계속 상승하여 얼음이 없는 여름이 되고, 기온이 더 오르면 겨울에도 얼지 않아 얼음은 연중 모두 사라지게 된다. 북극해의 해빙이 없어지는 티핑 포인트에 이른 것이다. 기후계에서 많은 티핑 요소는 개별적이지 않고 서로 영향을 준다. 하나의 티핑 요소가 티핑 포인트에 근접하면 그 영향으로 다른 티핑 요소를 자극하게 된다. 기후변화의 도미노 게임이 진행 중인 셈이다. 이 도미노 게임의 선두 주자는 '북극 증폭'에 따른 북극해 해빙 감소다.

　북극 증폭에 따라 북극해 상공의 기온이 높아지면 북극해와 가까운 육상의 기온도 상승하여 지표면의 온도가 올라간다. 북극해와 접한 육지 중 시베리아와 캐나다 북부 아한대 지역의 땅에 열이 공급되는 것이다. 이곳에는 2년 이상 녹지 않은 지표 아래 '영구동토층'이라 불리는 곳이 있다. 영구동토층은 매우 단단하게 얼어 있고 메탄가스와 이산화탄소 같은 온실기체를 대기보다 두 배 정도 가두고 있어 온실기체의 냉동고라고 불리기도 한다. 그런데 이곳의 기온이 올라 영구동토층이 녹게 된다. 영구동토층이 녹으면 깊이가 수십 미터인 원기둥 모양의 대규모 '싱크홀(sink hole)'이 생긴다. 증가하는 이상 열파와 산불 등으로 지표의 열이 땅속 깊이 전달되면서 지형을 변화시키는 것이다. 영구동토층이 녹으면 여기에 갇혀 있던 메탄가스와 이산화탄소가 방출된다.

북극해 대륙붕의 해저에서도 메탄가스 분출이 자주 발생하고 있다. 대기로 방출된 온실기체는 대기 온난화를 촉진하고, 이는 다시 영구동토층이 녹는 것을 부추긴다. 북반구 영구동토층이 녹는 티핑 요소가 기후 되먹임 현상으로 작동하는 것이다. 이 과정이 티핑 포인트에 이른다면 지구온난화 크기의 증폭으로 아한대 삼림 파괴와 같은 새로운 환경의 기후 상태 진입으로 바로 이어질 것이다. 영구동토층은 한 연구그룹의 표현처럼 인류의 목을 서서히

조여오는 기후변화의 거대한 시한폭탄인 셈이다.

홀로세(Holocene epoch)라고 하는 간빙기인 지금 이 시기의 지구에는 이전 빙하시대 흔적인 빙하와 산악 정상부의 빙원, 고위도 지역의 빙하, 그리고 남극대륙과 그린란드의 빙상이 남아 있다. 이 중 그린란드 빙상은 두께가 3킬로미터가 넘는다. 북극의 온난화 증폭은 그린란드 빙상을 녹이는 원인으로 작용하여 최근 빙상 감소의 속도가 빨라지고 있다. 얼음-빙상 높이 사이에 나타나는 양의 되먹임 등 여러 가지 되먹임이 동시에 작용하기 때문이다. 다시 말해 얼음이 녹으면 빙상의 높이가 줄어들고 빙상 표면은 더 높은 온도에 노출되어 빙상이 녹는 것을 촉진한다.

기온 상승은 대기의 습도 증가와 강우량 증가로 이어지며 이는 빙상 표면의 태양 복사열 반사를 감소시켜 얼음 표면이 더 쉽게 녹는 상황이 된다. 또한 빙상 위에 물이 고여 녹조현상이 발생하고, 이에 따라 태양 복사열 흡수가 늘어난다. 이러한 과정의 반복으로 대기 온난화가 가속되면서 그린란드 빙상 감소는 티핑 포인트에 근접하게 된다. 이 티핑 포인트에 다다르면 거대한 얼음덩이는 모두 사라지고 전 지구 해수면은 7미터 정도 상승한다. 북극해 온난화 증폭이라는 도미노는 그린란드 빙상 소멸이라는 다음 도미노를 쓰러뜨린 것이다.

열염순환을 다시 설명하기로 하자. 대서양은 태평양과 인도양에 비해 낮은 강수량과 높은 증발량 때문에 해양 표층의 염분이 상대적으로 높다. 북대서양에서 이 높은 염분의 물은 해류에 의해 북쪽으로 이동하여 그린란드 동쪽 래브라도해와 이르밍거해에 이른다. 이 해역은 겨울철이면 찬 공기와 강한 바람의 영향으로 수온이 낮아진다. 표층 해수는 높은 염분과 낮은 수온으로 밀도가 높아져, 즉 무거워져 해저 부근까지 침강하고 심층수를 형성한다. 이 현상이 발생하는 해역의 이름을 붙여 '래브라도해 심층 대류'라고 한다. 바람이 원동력인 대양 상층의 빠른 순환계와 밀도 분포에 따라 유지되는 심층의 느린 순환계가 접목되는 부분이다.

심층수는 대서양 서쪽 해저를 따라 남극해 부근까지 이동하여 거대한 열염순환계의 한 줄기를 담당하게 된다. 컨베이어벨트라고 부르기도 하는 이 순환계를 따라가면 심층수는 중저위도 바다에서 표층으로 이동하여 북쪽으로 흘러 처음 심층수가 형성되었던 그린란드 앞바다까지 연결된다.

이 거대한 순환세의 순환 주기는 천 년 이상으로 알려져 있다. 대서양에는 이 순환계를 대서양 자오면(또는 남북연직) 순환(Atlantic Meridional Overturning Circulation, AMOC)이라고 한다. 그린란드 빙상의 감소는 그린란드 주변 해양으로 담수 공급이 늘어나는 것을 의미한다. 이는 겨울철 표층 해수 밀도가 커지는(무거워지는 정도가 작아지는) 결과를 일으켜 대서양 심층수의 형성이 줄어들게 된다. 그린란드 빙상 소멸 정도가 높으면 높을수록 대서양 심층수 형성은 급감한다. 이에 따라 열염순환을 유지하는 동력원이 줄어들고 열염순환이 약해지며 표층의 북상하는 해류도 점차 느려진다. 해류에 의해 북쪽으로 공급되는 열이 줄어들고 급기야 열 공급이 차단된다.

이러한 변화는 상당히 긴 시간이 걸리기는 하지만 지구온난화에서 냉각화로 바뀌는 기후계 대변동이 발생한다. 간빙기에서 빙기로 바뀌는 과정이 시작되는 것이다. 영화 「투모로우(The day after tomorrow)」(2004)는 이를 영상화한 것이다. 그린란드 빙상 소멸의 도미노가 래브라도해 대류 붕괴라는 도미노를 무너뜨리고, 이어서 대서양 자오면 순환 약화라는 도미노도 무너뜨린 것이다.

남극대륙은 지리적으로 동반구와 서반구로 구분하여 각각 동남극과 서남극이라고 부른다. 서남극 빙상은 지구 해수면을 3미터 이상 높일 수 있는 얼음덩어리다. 이 얼음덩어리는 남극대륙 가장자리에서 빙하로 연결되고 빙하 끝부분에는 빙붕(ice shelf, 빙하나 빙상이 바다를 만나 수면 위에 평평하게 퍼진 얼음덩어리) 상부와 하부가 각각 대기와 해수에 노출되어 있다. 남극대륙을 둘러싼 해양 심층의 온난화는 해수에 노출된 빙붕 하부가 녹게 되는 환경을 만들고 이는 빙붕 감소로 이어진다. 서남극은 이러한 빙붕 감소가 몇 군데 빙하 지역을 중심으로 매우 빠르게 진행되고 있으며, 서남극 빙상 붕괴의 티핑 포인트에 근접했다는 연구 결과 발표가 이어지고 있다.

동남극은 서남극보다 훨씬 넓고 두꺼운 얼음으로 덮여 있는데 이는 얼음이 다 녹으면 전 지구 해수면을 52미터 끌어올릴 양이다. 다행히 동남극 빙상 붕괴의 티핑 포인트는 서남극의 경우보다 훨씬 높은 기온 상승이 있어야 이르게 된다. 그렇더라도 빙상 붕괴는 해수면 상승의 와일드카드(wild card, 예측할 수 없는 방식으로 상황에 영향을 미칠 수 있는 요인)로 꼽힌다. 그린란드와 남극대륙 빙상이 티핑 포인트에 근접할수록 빙상 회복은 돌이킬 수 없는 상태가 되고, 수백에서 수천 년에 걸쳐 수 미터의 해수면 상승을 초래할 수 있다.

해양에서 티핑 포인트에 가장 근접했다고 알려진 티핑 요소는 저위도 산호초 소멸이다. 산호초는 수온 섭씨 20도 이상인 해양에서 번식하며, 분포 해역은 북위 30도에서 남위 30도이다. 수온 상승과 해양 산성화가 계속되면 산호초는 백화현상을 거쳐 죽는 단계로 접어든다. 식물처럼 생겼지만 실제로는 동물인 산호초는 해양 생태계의 기반이다. 해양 생태학자들은 해양에서 서식하는 생물종의 4분의 1은 산호초를 통해 먹이를 얻는다고 밝혀냈다. 따라서 산호초가 사라진다면 해양 생태계의 25퍼센트가 소멸할 수 있다는 주장에 설득력이 있다. 저위도 산호초 소멸이라는 기후변화의 도미노가 쓰러지면 해양 생태계 죽음이라는 도미노도 쓰러지게 된다.

2022년 9월 과학 학술지 〈사이언스〉에 티핑 포인트에 관한 논문 한 편이 발표되었다. 스톡홀름대학 암스트롱 맥케이(Armstrong Mckay) 연구팀은 2008년 이후 발표된 200여 편의 논문을 검토하여 16개의 기후변화 티핑 요소를 제시했다. 이 연구에서는 전 지구시스템에 영향을 주는 핵심 티핑 요소 9개와 지역적으로 심각한 결과를 가져올 수 있는 지역 영향 티핑 요소 7개로 구분했다. 이 가운데 그린란드 빙상 붕괴, 서남극 빙상 붕괴, 저위도 산호초 소멸, 아한대 영구동토층 해동, 래브라도해 대류 붕괴 등 5개 티핑 요소는 지금의 온도 상승 폭만으로 이미 티핑 포인트에 이를 수 있다고 설명하고 있다.

평균 지구 표면온도가 1.5도 상승하면 그린란드 빙상 붕괴 등 4개 티핑 요소는 티핑 포인트 도달이 '일어날 것 같은(likely)' 일이 된다. 아울러 바렌츠해 해빙 등 5개의 티핑 요소는 티핑 포인트 도달이 '일어날 수 있는(possible) 일'로 바뀔 것이라고 했다. 만일 평균 지구 표면온도가 2도 상승하면 아마존 열대우림과 남부 사하라사막-서아프리카 몬순 등의 티핑 요소의 티핑 포인트 도달 위험이 있을 것으로 전망했다. 아마존 열대우림은 전 세계 육지 생태계의 탄소 저장량의 10퍼센트를 차지하여 '지구의 허파'라고 한다. 남부 사하라사막-서아프리카 몬순의 변화는 건조 지역 확장을 가져온다. 두 경우 모두 티핑 포인트에 이르면 생태계 파괴와 생물 다양성 붕괴를 불러온다.

티핑 포인트에 이르는 기온 상승 폭이 가장 큰 티핑 요소는 동남극 빙상의 붕괴다. 동남극 빙상 붕괴는 7도 이상 상승해야 발생할 것으로 보고 있다. 이는 거의 일어

◆ 기후 티핑 요소 분포의 티핑 포인트가 촉발될 가능성이 있는 온난화 수준
(출처: D.I.A. McKay et al., 2022)

나지 않을 것이다. 과거 빙하기에서 현재 홀로세에 이르는 기온 상승 폭이 약 5도였음이 이를 뒷받침해 준다. 그러나 그린란드 빙상 붕괴와 래브라도해 대류 붕괴의 티핑 포인트는 2도 상승만으로도 일어날 것으로 예상되며, 이어서 대서양 자오면 순환 약화가 일어날 것이다. 이러한 기후 티핑 포인트 도달 전망은 금세기 말까지의 지구 표면온도 상승 폭을 1.5도와 2도 이내로 한다는 IPCC 합의의 과학적 배경이다.

9 탄소중립을 위한 바다의 중요성

　기후변화 대응에는 두 가지 유형이 있다. 변화한 기후 시스템 내에서 생활할 수 있는 방법을 찾아 이를 추구하는 것과 기후변화 진행을 멈추게 하거나 변화 폭을 줄이는 것이다. 전자를 '기후변화 적응(adaptation)'이라 하고 후자를 '기후변화 완화(mitigation)'라고 한다.

　기후변화 적응은 기후변화에 의한 사회 전 부문의 피해를 줄이고, 기회로 활용하기 위한 모든 활동으로 정의되어 있다. 기후변화 완화는 지구가 더 심하게 온난화가 진행되는 것을 방지하기 위해 대기 중 온실가스 농도를 줄이는 것을 말한다. 해수면 상승에 대비하여 해안의 방파제를 더 높이는 것은 기후변화 적응이고, 해수면 상승 진행을 늦추기 위해 온실가스 배출을 낮추는 일은 기후변화 완화에 해당한다.

기후변화 적응

기후변화 적응 방법을 찾는 일은 기후변화의 위험을 깨닫는 것에서 시작한다. 제일 먼저 고려해야 할 위험 요소는 기후변화에 노출된 인간과 자연계의 취약성이다. 따라서 적응 정책을 수립하려면 기후변화에 대한 노출과 취약성 분석이 우선되어야 한다. IPCC는 '노출'을 '시스템이 상당한 기후변화에 드러난 특성과 정도'로 정의한다. 기후변화로부터 받는 스트레스의 수준인 셈이다. 취약성은 '시스템이 기후 변동성과 극한 현상을 포함한 기후변화의 악영향에 민감하거나 대처할 수 없는 정도'다. 기후변화의 잠재적 영향의 크기에서 적응 능력을 뺀 값에 해당한다.

해양에서 기후변화 적응 대상은 크게 두 부분으로 나

눌 수 있다. 해수면 상승과 해양 생태계 변화다. 위험의 개념을 적용하면 해수면 상승과 해양 생태계 변화는 각각 재난재해 문제와 식량 문제로 이어진다. 이 위험을 줄이는 방법을 찾기 위한 노출과 취약성에 대한 평가는 절대적으로 과학적 근거에 바탕을 두어야 한다. 예를 들면, 해수면 상승에 어떻게 노출되었는지를 평가하려면 재해 위험지도를 작성해야 하는데, 이 일은 해양학 및 기후학적 분석 없이 불가능하다. 취약성은 사회와 지역에 따라 다르며 시간에 따라 변하기도 한다. 같은 해수면 상승이라도 우리

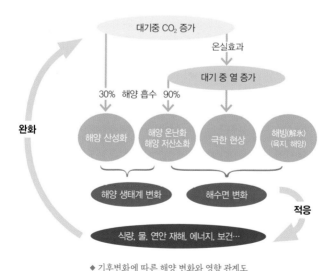

◆ 기후변화에 따른 해양 변화와 영향 관계도

나라 동해안은 침식에 취약하고 서해안은 침수에 더 취약하다. 취약성 분석이 과학적이어야 함을 보여주는 예다.

해안 침식과 침수 발생은 자연현상이지만 발생 원인은 자연적 요인과 인위적 요인이 있다. 자연적 요인은 주어진 해수면 높이와 지형에 대한 파도, 해류 및 바람 등 외력의 변화다. 해수면 상승은 해양과 대기의 외력 영향을 증폭시키는 역할을 한다.

IPCC 보고서에 따르면 해수면 상승에 대한 해안 지역의 적응 전략은 일반적으로 이주(retreat), 순응(accommodate) 및 방어(protect)로 분류할 수 있다. 이주는 해수면 상승 위험에 노출된 지역에 있는 건물과 도로와 같은 시설물을 고지대로 옮기는 것이다. 침수 지역이 도시일 경우 도시 기능을 옮겨야 할 일도 생긴다. 세계에서 가장 빨리 물에 잠길 도시로 알려진 인도네시아 자카르타는 기후변화에 더하여 지반 침하가 해수면 상승의 요인인 경우로 2050년이면 도시 대부분이 침수될 것으로 예측된다. 인도네시아는 수도를 자카르타에서 다른 곳으로 옮길 계획을 수립했다. 고지대가 없는 열대 태평양의 섬 주민들은 해수면 상승에 따라 다른 나라로 이주하는 것이 최선의 적응 수단이 되어가고 있다.

한편, 다른 적응 방법으로 해상도시도 거론된다. 해수면 아래로 사라질 섬으로 경고받은 인도양의 몰디브는 수도 말레 부근에 해상도시 몰디브 플로팅 시티 건설을 2022년에 시작했다.

순응은 도로나 건물을 높여 침수를 막는 것이 아니라 침수의 피해 가능성을 줄이는 것이다. 지금 해안에서 많이 볼 수 1층에 기둥만 있는 건물들이 여기에 해당한다. 방어는 제방, 방파제 또는 댐 등을 건설하여 위험에 대한 방어 능력을 개선하는 것이다. 대표적인 예로 물에 잠기는 도시로 유명한 이탈리아 베네치아에서 진행 중인 '모세 프로젝트'다. 베네치아 입구의 바다에 20미터 폭의 방벽을 만들어 평상시에는 물속에 잠겨 놓았다가 해수면이 어느 이상 상승하면 방벽을 떠오르게 하여 해안 저지선으로 이용하는 것이다.

기후변화 적응 정책은 지구상에서 기후변화와 동시에 진행되는 비기후적 현상, 즉 자원 고갈, 생물 다양성 손실, 토지 파괴, 인구 변화, 도시화 및 경제적 양극화 등을 함께 고려해야 한다. 침식과 침수 적응 정책도 방파제나 호안(강이나 바다 기슭이나 둑 따위가 무너지지 않게 보호하는 구조물)과 같은 해안 구조물, 연안표사(비교적 일정하게 해안과 평행하게 흐르는 바닷물을 따라 이동하는 모래) 차단, 인공 방풍림 및 모래 채취 등 비기후적 요인에 의한 침식과 침수의 적응 방법도 기후변화 적응과 함께 마련해야 한다. 적응에는 많은 사회 및 경제 비용이 필요한 기본적인 문제를 안고 있다. 위의 적응 예에서 보듯이 방파제, 방벽, 제방, 도로, 건물 등 모두 초기 건설 비용이 많이 든다. IPCC 보고서에 따르면, 적응의 대부분 비용은 초기 건설 비용보다 유지 관리 비용이 월등히 많이 든다. 그렇더라도 피해 발생 후의 복구 대응에 훨씬 더 큰 비용이 들어간다는 점을 인식해야 한다.

기후변화로 해양 수괴(온도, 염분의 분포 구조 등 물리적·화학적 성질이 거의 같은 해수의 덩어리)에 나타나는 현상은 온난화, 산성화 및 저산소화다. 이 모두가 해양 생태계에 영향을 미친다. 이에 따른 위험은 식량 문제가 된다. 국립수산과학원의 자료에 따르면 우리나라의 연간 수산물 소비량은 세계에서 가장 높은 수준이며, 동물성단백질 중 수산물이 차지하는 비중은 35퍼센트이다.

국립수산과학원이 발간한 「2022 수산분야 기후변화 영향 및 연구 보고서」에 따르면 우리나라 주변 해역에서 표층 난류성 어종(고등어, 살오징어, 멸치) 어획량은 증가하고, 한류성 어종(명태, 도루묵, 임연수어)과 저서성 어종(갈치)은 감소하고 있다. 어종 변화가 뚜렷한 것이다. 양식에 적합한 해역도 점차 북쪽으로 이동하는 경향이다.

이러한 변화가 기후변화와 관련이 있다는 연구 결과가 있다. 「한국 기후변화 평가보고서 2020」에 따르면 기후변화에 따른 연근해어업(남해안)에서 연안어업이 근해어업보다 취약성이 대체로 높고, 양식업 취약성 평가 결과 김, 미역과 같은 해조류가 가장 취약한 것으로 나타났다. 연안어업과 양식업에 대한 기후변화 적응 대책이 더 필요하다는 의미다. 「2022 수산분야 기후변화 영향 및 연구 보고서」에서 제시한 적응 정책은 양식어장 재배치, 친환경·고효율 양식 기법 개발, 환경변화에 적응할 양식 품종 개발 및 보급이다.

세계식량기구(FAO)는 어업 및 양식 적응에 대한 다섯 가지 우선순위를 강조하고 있다. 다시 말해 어업 및 양식업 관리에 기후변화를 주류화, 변형 적응 계획 개발 및 구현, 기후 정보 공간 관리 접근 방식 채택, 형평성과 인권 고려사항 통합 및 기술 혁신에 투자하는 것이다.

이 가운데 핵심은 공간 관리 접근법으로, 현재와 미래의 기후 위험과 기회에 대한 어업 및 양식업 부문의 적응을 위한 강력한 방식이다. 공간 데이터 및 모델을 사용하여 기후변화가 어업과 양식업에 어떤 영향을 미칠 수 있는지 이해하고 예측하는 데 사용할 수 있는 해법을 제공하고 지역 맞춤형 적응 전략을 수립할 수 있다. 지역 및 실시간 정보를 제공하기 위해 제일 먼저 해야 할 일은 해양학과 기후 관측 시스템 강화다.

기후변화 완화

기후변화 완화를 위한 목표는 지구온난화 원인인 대기에 인위적으로 배출하는 온실가스의 양을 줄이는 것이고, 그 수단은 인위적인 온실가스 배출을 억제하고 배출된 온실가스를 대기가 아닌 다른 데 저장하는 것이다. 「교토의정서」는 이산화탄소, 메탄가스, 아산화질소, 과불화탄소($PFCs$), 수소불화탄소(HFC)와 육불화황(SF_6)을 감축 대상 6대 온실가스로 지정했다.

온실가스 배출의 경우 이산화탄소 배출은 화석 연료 사용과 에너지 사용 등이 주요 근원이고 메탄가스는 가축 사육, 농경 및 음식 쓰레기 등에서 나온다. 따라서 이러한 원인이 되는 활동을 줄이면 된다. 온실가스 저장은 이산화탄소의 경우 자연적인 방법으로 육지와 해양에서 광합성을 하는 탄소 흡수원을 늘리고, 기술적인 방법으로 대기로 배출되는 이산화탄소를 포집하여 땅속에 저장하면 된다.

그런데 이러한 일들은 모두 인간의 경제활동과 연결되어 있어서 실행하기에 앞서 해결해야 할 문제들이 매우 많다. 상대적으로 쉬운 일들이 있지만 어떤 일은 거의 실현 불가능하다. 인간이 살아가는 데 필수적인 요소인 식량을 무작정 줄일 수 없고 화석 연료를 사용하는 공장과 전기 생산을 모두 멈추게 할 수도 없다. 개인의 노력이 필요한 일에서부터 국가가 나서야 할 일까지 다양하다.

개인이 할 수 있는 일들을 살펴보자. 실내 난방 온도를 낮춘다. 자가용 차량과 비행기 타는 것을 줄이고 도보, 자전거, 대중교통을 이용한다. 전 세계 이산화탄소 배출량의 4분의 1이 운송 수단에서 나오는 것을 새겨야 한다. 가전제품 사용을 줄이고 컴퓨터는 사용하지 않는 시간에는 끈다. 모두 전기와 에너지 사용 절약의 내용이다. 음식물 쓰레기를 줄인다. 소고기와 같은 붉은 육류의 소비를 낮추고 닭고기 등으로 대체한다. 가축 중 소에서 나오는 메탄가스의 영향은 전 세계 온실가스 배출량의 4퍼센트에 해당한다. 초콜릿과 양식 새우와 양식 물고기 섭취를 줄인다. 초콜릿의 원료인 카카오를 재배하기 위해 숲을 파괴했으며 새우 양식장이 들어선 곳이 맹그로브 숲이었기 때문이다.

기후변화 완화를 위한 노력에는 개인이나 국가가 해야 할 부분을 떠나 세계 모든 국가의 협력이 필수적인 일들이 깔려 있다. 국제적인 공동 노력이 없이는 실현 불가능하다는 뜻이다. 기후변화 대응을 위한 국제적인 노력으로 1994년 「기후변화에 관한 유엔 기본 협약」 발효부터 1997년 이를 확대한 「교토의정서」 채택, 그리고 2021년부터 적용된 「파리협정」 채택으로 기후변화 대응 수단을 구체화했다. 「교토의정서」에는 '배출권 거래제(Emissions Trading System, ETS)'가, 「파리협정」에는 지구온난화를 특정 수준으로 억제하기 위해 섭씨 1.5도와 2도라는 목표와 '신기후체제'가 등장했다. 이어서 IPCC는 2050년까지 인위적 온실가스 배출 '넷-제로' 또는 '탄소중립'이라는 목표를 권고했다. 현재 기후변화 완화는 넷-제로 또는 탄소중립에 요약되어 있다.

「파리협정」은 모든 국가가 자체 국가 온실가스 감축

목표(Nationally Determined Contribution, NDC)를 발표하도록 했다. 감축목표에 따라 국가에 탄소 배출량이 할당되고 이를 우리나라에서는 '탄소배출권(Certified Emission Reduction, CER)'이라고 한다. 온실가스 감축 대상 국가가 할당받은 배출량보다 적은 온실가스를 배출하면 남는 배출권을 다른 나라에 판매할 수 있고, 할당된 배출량보다 많은 양을 배출하는 경우 다른 나라에서 구매할 수도 있다. 한 국가 내에서도 기업이나 공공기관 등 온실가스 배출자에게 배출권으로 할당하여, 각자 배출권이 남거나 부족하면 서로 거래할 수 있도록 하고 있다.

기업은 온실가스 배출량을 줄여서 남는 배출권을 팔 수 있고, 감축 비용보다 온실가스 배출권이 싸면 배출권을 살 수도 있다. 이른바 「교토의정서」의 '배출권 거래제'다. 이제 기후변화 완화는 과학의 범주를 벗어나 경제 문제가 된 셈이다.

탄소 배출량은 실제 총배출량에서 자연적 및 인위적인 감소량을 뺀 값으로 계산된다. 기후변화 완화, 즉 온실가스 감축목표 달성을 위해서 인위적인 노력이 절대적으로 필요하지만 자연적으로 온실가스를 흡수하는 부분을 놓쳐서도 안 된다. '배출권 거래제'라는 국가 사이의 경제 게임에서 숨어 있는 탄소 흡수원을 찾아야 하는 이유다. 탄소 순환계를 면밀하게 추정할 필요가 있다.

해양은 대기보다 이산화탄소 용량이 50배 정도 더 큰 상태로 탄소 순환계에서 평형을 유지한다. 현재 평형 상태를 깨고 대기 중에 증가하고 있는 이산화탄소의 약 30퍼센트를 해양이 흡수한다. 이 숫자는 자료에 따라 다르지만 대략 4분의 1에서 3분의 1까지 해양이 흡수한다고 보면 된다. 이 흡수가 없다면 대기 중 이산화탄소 농도는 더 높아져 지구온난화도 훨씬 빠르게 진행되었을 것이다. 해양 표면에서 대기와 해양 사이의 이산화탄소 이동 방향은 두 경계의 이산화탄소 농도 차이에 따라 결정된다.

해양과 대기 사이에서 이산화탄소 농도 차이는 위치에 따라 다르다. 해양이 대기로부터 흡수만 하는 것이 아니라 해양에서 대기로 방출하는 곳도 있다는 뜻이다. 해양의 이산화탄소 용량은 온도가 낮을수록 높아 일반적으로 찬 바다에서 대기의 이산화탄소를 더 많이 흡수하고 있다. 동태평양 적도 해역은 해양에서 대기로 이산화탄소를 방출하는 대표적인 곳이다.

해양 상층의 이산화탄소 농도는 광합성 중에 이산화

탄소를 소비하는 식물플랑크톤과 조류 등 해양 생태계의 영향을 받는다. 이 과정 역시 계절과 지역에 따라 매우 다르다. 해양생물이 광합성 중에 흡수한 이산화탄소 대부분은 다시 해수로 나가고 일부는 죽은 식물, 배설물 및 기타 가라앉는 물질 형태로 심해로 운반된다. 심해에서는 다시 해수로 용해되거나 퇴적물에 묻히며 용해된 이산화탄소는 해양 운동을 따라 해양 내에서 재분배된다. 열염 순환을 따른다고 할 수 있다. 심층수가 형성되는 극지 해역은 이산화탄소가 표층에서 심층으로 이동하는 곳이다.

대양에서는 식물플랑크톤이 자라는 데 필요한 영양분 대부분이 심해에서 공급된다. 해양 상층의 온난화가 계속되면 상층의 밀도가 낮아져 밀도 성층이 강화되고 심해로부터의 상층으로 영양분 공급이 줄어들 가능성을 예상할 수 있다. 이는 전체 해양의 식물플랑크톤 감소로 이어지고, 해양이 이산화탄소를 흡수하는 속도가 늦추어진다. 이에 따라 대기에 더 많은 이산화탄소가 남아 지구온난화를 더 촉진할 것이다.

해양에서 또 하나의 탄소 저장고, 갯벌

대양을 떠나 연안으로 눈을 돌려보자. 또 다른 탄소 순환 고리가 있다. 맹그로브, 습지 염생식물, 잘피와 같은 해안 식물은 광합성 중 이산화탄소를 흡수하며 오랜 시간에 걸쳐 이들이 서식하는 퇴적물에 많은 양의 탄소를 격리한다. 맹그로브는 아열대 해양에서 자라고 뿌리가 깊어 탄소를 퇴적물 깊이 저장한다. 염습지는 갈대나 함초와 같은 염생식물이 이산화탄소 흡수원이 된다. 잘피는 꽃을 피우는 바닷속 풀로 바다숲을 형성하며 많은 양의 이산화탄소를 흡수한다.

연안은 육지 숲보다 훨씬 작은 면적이지만 단위 면적당 더 많은 탄소를 포획하고 저장하는데, 이러한 탄소를 '블루카본(blue carbon)'이라고 한다. 넓은 의미로 연안과 해양 생태계에 축적되는 탄소다. 이제 지구의 탄소를 환경에 따라 크게 연료나 나무 연소 후 나오는 '블랙카본(black carbon)'과 육상 생태계가 흡수하는 '그린카본(green carbon)'에 이어 '블루카본' 세 가지로 구분한다.

과학적인 평가에 따르면 연안의 블루카본 생태계는 육상 삼림보다 2~4배 더 많은 탄소를 격리할 수 있어 블루카본은 현재 기후변화를 완화하는 핵심 구성 요소로 주목받고 있다. IPCC는 「해양 및 빙권 특별보고서」에서 맹그로브, 염습지 및 잘피림을 온실가스 감소 수단인 블루카본으로 인정했다.

탄소를 배출할 권리라는 의미의 '탄소배출권'이 국가별로 부여됨에 따라 새로운 탄소 흡수원을 찾는 것이 중요한 경제활동의 하나가 되었다. 거래를 할 수 있고 투자의 대상이 되고 있기 때문이다. 블루카본도 마찬가지다.

한여름 물먹는 제습제처럼 효율성이 높은 탄소 흡수원을 찾는 노력이 한창이다. 갯벌은 새로운 블루카본 후보다. 최근 우리나라 연구팀은 갯벌의 탄소 축적 기능이 IPCC 블루카본으로 인정받을 수 있을 만큼 뛰어남을 규명했다. 우리나라 갯벌에는 약 1300만 톤의 탄소가 저장되어 있고, 연간 승용차 11만 대가 뿜어내는 수준인 26만 톤의 이산화탄소를 매년 흡수한다. 갯벌은 기후변화의 속도를 조절하는 해양에서 또 하나의 탄소 저장고다.

IPCC 6차 보고서에서는 해안 생태계가 전 세계적으로 중요한 탄소 흡수원이라는 것을 보여주고 있다. 여기에 해안의 갯벌과 같은 지질학적 요소도 포함된다. 이 시스템을 파괴하면 탄소 흡수능력이 상실되거나 악영향을

블랙카본

그린카본

블루카본

◆ 블랙카본, 그린카본, 블루카본(출처: Pixabay)

받아 저장된 탄소가 방출되어 인위적으로 탄소 배출을
높이는 것과 같다. 해안 생태계를 보존하고 해안 서식지
를 복원해야 하는 이유다. 이는 국가 온실가스 감축목표
를 달성할 기회를 제공할 뿐만 아니라 해안 보호 및 식량
문제와 관련한 많은 혜택을 제공할 것이다.

| 참고한 자료 |

국립수산과학원. (2022). 2022 수산분야 기후변화 영향 및 연구 보고서.

기상청. (2020). 한국 기후변화 평가보고서 2020: 기후변화 과학적 근거.

환경부. (2020). 한국 기후변화 평가보고서 2020: 기후변화 영향 및 적응.

테루유키 나카지마, 에이치 타지카(Teruyuki Nakajima & Eiichi Tajika) 지음, 현상민 옮김. (2020). 기후변화 과학, 씨아이알.

Bigg, G., (2003). The Oceans and Climate (2nd ed). Cambridge University Press

Broecker, W. S., (1987). The Biggest Chill, Natural History, 96(10), 74-82.

FAO, (2021). Adaptive management of fisheries in response to climate change. FAO Fisheries and Aquaculture Technical Paper No. 667.

Gebie, G. & P. Huybers, (2019). The little ice age and 20th-century deep Pacific cooling, Science 363, 6422, 70-74.

Houghton, J., (2004). Global Warming (3rd ed), Cambridge University Press.

IPCC, (2019). Special Report on the Ocean and Cryosphere in a Changing Climate. Cambridge University Press.

IPCC, (2021). Climate Change 2021: The Physical Science Basis. Contribution of Working Group I to the Sixth Assessment Report of the IPCC. Cambridge University Press.

IPCC, (2022). Climate Change 2022: Impacts, Adaptation, and Vulnerability. Contribution of Working Group II to the Sixth Assessment Report of the IPCC. Cambridge University Press.

IPCC, (2022). Climate Change 2022: Mitigation of Climate Change. Contribution of Working Group III to the Sixth Assessment Report of the IPCC. Cambridge University Press.

Lambert, F., J. S. Kug, ... , & J. H. Lee, (2013). The role of mineral dust aerosols in polar amplification, Nature Climate Change 3, 487-491.

Lee, J., B. Kim, ... , & J. S. Khim, (2021). The first national scale evaluation of organic carbon stocks and sequestration rates of coastal sediments along the West Sea, South Sea, and East Sea of South Korea, Science of the Total Environment, 793, 148568.

Lee, J.-H., B.-W. An, I. Bang, & G.-H. Hong, (2002). Water and salt budgets for the Yellow Sea. Journal of the Korean Society of Oceanography, 37, 125-133.

McKay, D. I. A., A. Stall, ... , & T. M. Lenyon, (2022). Exceeding 1.5℃ global warming could trigger multiple climate tipping points, Science, 377, 6611.

Munk, W., (1966). Abyssal recipes. Deep-Sea Research 13, 707-730.

Nellemann, C., E. Corcoran, et al., (2009). Blue Carbon: A Rapid Response Assessment, United Nations Environment Programme

Ripple, W. J., C. Wolf, T. M. Newsome, P. Barnard, & W. R. Moomaw, (2020). World scientists' warning of a climate emergency, BioScience, 70(1), 8-12.

Roemmich, D., W. J. Gould, & J. Gilson, (2012). 135 years of global ocean warming between the Challenger expedition and the Argo Programme, Nature Climate Change, 2, 425-428.

Stommel, H., (1957). A survey of ocean current theory, Deep-Sea Research 4, 149-184.

Schmittner, A., (2018). Introduction to Climate Science, Oregon State University, https://open.oregonstate.education/climatechange/

CMIP, https://https://www.wcrp-climate.org/wgcm-cmip

EPICA, https://en.wikipedia.org/wiki/European_Project_for_Ice_Coring_in_Antarctica

IODP, https://www.iodp.org

UCAR Center for Science Education, History of climate science research, https://scied.ucar.edu/learning-zone/how-climate-works/history-climate-science-research